U0613109

# 深度学习研究与智慧农业应用

时 雷 尹 飞 车银超 乔红波 等 编著

中国农业出版社

北 京

## 内容简介

深度学习技术是计算机、人工智能领域的前沿技术，为智慧农业的发展提供了重要的技术支撑，是我国农业现代化、农村数字化和乡村振兴的重要技术方向。

本书系统介绍了深度学习的基本概念、历史发展、关键技术及其在智慧农业中的应用，着重总结了编著者在深度学习技术研究及其在智慧农业应用方面的成果，旨在为读者提供全面的知识体系。本书包含七章内容，首先对深度学习技术及其应用现状进行了概述；然后，系统介绍了小麦生育期识别、小麦小穗检测计数、小麦麦穗赤霉病检测、玉米病害识别、苹果病害识别等方面的研究；最后，探讨了基于深度学习的智慧农业发展趋势和前景展望。

本书是一本将深度学习技术研究与智慧农业生产有机结合的专著，适合作为计算机科学与技术、农业工程与信息技术、智慧农业等相关学科的科技人员、教育工作者、农技推广人员、农业管理人员及研究生、本科生等的参考读物。

# 前言 FOREWORD

深度学习（Deep Learning），是机器学习领域的一个崭新分支，也是当前人工智能领域的研究热点之一。深度学习通过模拟大脑神经元网络建立深层模型，从数据中自动提取和学习特征表示，从而实现对复杂数据的精准分析与预测。深度学习作为新一代信息技术的重要组成部分，近年来在工业、农业、医疗、交通、教育、经济、安全等领域得到了广泛应用，对传统行业产生了巨大冲击，并发挥了极大的影响力和效力。

智慧农业是现代农业发展的高级阶段，通过融合物联网、云计算、大数据、人工智能等信息技术，实现农业生产中的信息感知、精准决策、智能控制和个性化服务。智慧农业是世界农业发展的新业态，实现了信息技术与农业发展的深度跨界融合，已成为实现农业生产绿色、高效、可持续发展的重要方向。

21世纪以来，我国粮食产量连续多年稳定在6.5亿吨以上，为国家的粮食安全提供了坚实保障。随着乡村振兴战略推进与实施，我国在农业基础设施建设、科技创新和绿色发展等方面均取得了显著成就，智慧农业在相关政策支持和战略部署下稳步发展，农业高质量发展逐步推动。但是，我们还应清醒地认识到，智慧农业应用中，农业数据智能分析与决策诊断技术仍无法满足农业生产全过程的智能化需求。因此，针对农作物从种到收全过程的长势、病虫害、产量等信息，充分发挥深度学习的"智囊"作用，进行针对性的智能处理分析，为农业生产提供实时精准的决策诊断。这是实现智慧农业快速发展的关键环节，也是新一代信息技术助力现代农业的关键切入点。

　　本书是编著者团队在基于深度学习的农作物长势监测、病虫害识别监测、产量预估、图像处理、信息系统研发及推广等方面近五年研究工作的总结，先后得到国家自然科学基金、重点研发计划、河南省自然科学基金、河南省科技攻关、河南省科技研发计划联合基金等项目或课题的支持。通过对研究成果的梳理和总结，为满足人工智能和智慧农业人才培养需求编著本书，力求为深度学习技术在智慧农业中的应用发展提供参考。全书共分七章，第一章由车银超执笔，重点介绍深度学习的概念与发展、关键技术及其在智慧农业中的应用；第二章由时雷执笔，重点介绍基于改进 FasterNet 的轻量化小麦生育期识别；第三章由时雷执笔，重点介绍基于 YOLOv5s 模型轻量化改进的小麦小穗检测计数；第四章由时雷、杨程凯执笔，重点介绍小麦麦穗赤霉病的检测和发生程度分级；第五章由尹飞执笔，重点介绍基于深度学习技术的玉米病害识别；第六章由尹飞执笔，重点介绍基于深度学习技术的苹果病害识别；第七章由车银超执笔，重点介绍智慧农业中深度学习的发展趋势和前景展望。河南农业大学研究生周洁、孙嘉玥、雷镜楷、党渊博、王美娟、李慧珊等协助整理了部分数据和内容，并参与了本书的文字勘误工作，在此对他们的辛勤付出一并表示感谢。全书由时雷设计，由时雷、车银超统稿，由时雷、尹飞定稿，由乔红波教授主审。

　　本书编著过程中坚持科学性、前沿性和实用性原则，是深度学习技术理论及其在智慧农业中具体应用的一部系统性专著，可作为研究生参考书，也可供高等院校相关专业师生和从事深度学习技术开发及智慧农业应用的技术人员参考。

　　本著作编著过程中，河南农业大学马新明教授、尹钧教授、席磊教授、王健博士、孙彤博士、吕海燕博士、孙肖云博士，厦门理工学院陈玉明教授，安徽农业大学饶元教授，温州理工学院郭海教授，安徽大学翁士状博士等提出了许多宝贵的修改意见。同时作者参阅了大量相关文献，所指导的部分研究生参加了相关研究工作，他们完成的科研工作为本著作提供了良好素材，在此表示一并感谢。由于深度学习技术和智慧农业应用发展迅速，研究也会不断完善，加之编著者水平和能力有限，不足之处，恳请广大读者、专家批评指正。

编著者

2024 年 9 月 30 日

# 目 录 CONTENTS

## 第四章　小麦麦穗赤霉病检测和发生程度分级

## 第五章 ● 玉米病害识别

## 第六章 ● 苹果病害识别

**第七章 ● 智慧农业中深度学习发展趋势和前景展望**

# 第一章 深度学习概述

人工智能（AI）是计算机科学中一个充满活力的领域，旨在让机器具有类似人类的智能。深度学习作为其重要分支，通过多层神经网络模型模仿人脑处理信息的方式，从海量数据中自动提取特征并进行复杂模式识别与决策。自21世纪初以来，得益于计算能力的显著提升和大数据时代的到来，深度学习经历了快速发展，并在图像识别、自然语言处理等多个领域找到了广泛的应用场景，深刻改变了人们的生活方式。特别是在智慧农业领域，深度学习技术正发挥着越来越重要的作用。本章介绍人工智能及深度学习的基本概念和发展历程，解析深度学习架构和关键技术，论述深度学习应用领域及相关案例，阐述深度学习技术在智慧农业中的应用与发展，以期为农业现代化提供信息技术支撑。

## 第一节 人工智能、深度学习概念与发展

### 一、人工智能的概念

人工智能（Artificial Intelligence），简称 AI，又称机器智能（Machine Intelligence），是一门交叉学科，旨在研究、开发和应用智能技术，模拟、延伸和扩展人类智能。它使机器能够执行复杂任务，如感知、理解、学习、推理和决策，从而在速度、精度和可重复性上超越人类。

它把那些传统意义上只有人能够做的事情，不管是简单劳累的体力劳动——感知和运动，还是复杂的脑力劳动——推理、决策和学习，都交给机器或软件去完成，它们会做得和人一样好，甚至更好。即人工智能＝技术＋应用，技术是指那些"能让机器模拟人的基础能力"的技术，应用是指各行各业。这个等式告诉我们，一是同样的技术，应用在不同的领域，能够创造不同的社会价值；二是同样的应用场景，搭配不同的技术，能够以不同的方式创造社会价值。

AI的研究领域非常广泛，涵盖了机器学习、自然语言处理、计算机视觉、机器人技术等多个分支。其中，机器学习是AI的一个核心部分，它使计算机能够在没有明确编程的情况下从数据中学习并改进其性能。深度学习则是一种特殊的机器学习方法，利用多层神经网络来模拟人脑的工作方式，从而实现对复杂模式的学习和识别。

随着技术的进步，人工智能已广泛应用于工业、农业生产和日常生活，从工业自动化到智慧农业，从智能家居到自动驾驶，再到医疗和金融领域，AI带来了显著的变化和机遇。

## 二、人工智能的发展

如同蒸汽时代的蒸汽机、电气时代的发电机、信息时代的计算机和互联网，人工智能正成为推动人类进入智能时代的决定性力量。全球产业界充分认识到人工智能引领新一轮产业变革的重大意义，纷纷转型发展，抢滩布局人工智能创新生态。人工智能的发展史是一段跨越数十年的旅程，涵盖了从早期理论探索到现代技术革新的广泛内容。其发展历程如图1-1所示。

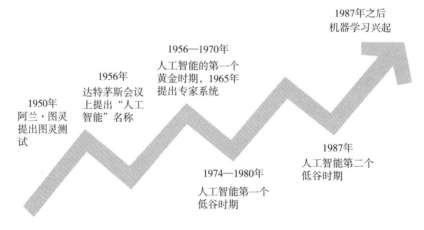

图1-1 人工智能的发展历程

### （一）起源阶段

人工智能的诞生可以追溯到20世纪的40—50年代，在这个时期，大量从事数学、工程、计算机等研究领域的科学家开始探讨"人工大脑"的可能性。1950年，阿兰·图灵（Alan Turing）对机器智能的问题做了深入研究，提出了回答"机器能思考吗"这个问题的最漂亮的测试方法——著名的图灵测试。

之后这一测试便成为衡量机器智能的重要标准之一。

### （二）第一个黄金时期与第一个低谷时期

"人工智能"这一名词是在1956年的达特茅斯会议上由计算机科学家John McCarthy首次正式提出的，其目标是"真正的"智能，而非"人工的"智能。这一专业术语的出现标志着人工智能学科的正式诞生。在随后的10多年里，人工智能迎来了发展史上的第一个小高峰，计算机被广泛应用于数学和自然语言领域。科学家们满怀激情，大批研究者积极涌入，人工智能项目获得大量经费支持。然而，随着研究的深入，人们逐渐认识到人工智能的发展远比预期的复杂，许多承诺无法实现，导致人工智能进入了第一个低谷时期。

### （三）专家系统的出现

到了20世纪70年代，由于计算机性能瓶颈、计算复杂性的增长以及数据量的不足，人工智能科研项目遭遇重重困难，许多项目进展缓慢甚至停滞不前，严重影响资助资金的走向。在这一背景下，人工智能被分为难以实现的强人工智能和可以尝试的弱人工智能。同时，学术界开始接受新的思路：人工智能不仅要研究算法，还要引入新的知识。于是，专家系统应运而生。专家系统利用数字化的知识去推理，模仿某一领域的专家去解决问题，成为当时人工智能领域的重要研究方向。

### （四）第二个低谷时期与机器学习的兴起

20世纪90年代之前，大部分的人工智能项目都是由政府机构资助的。然而，随着计算机技术的快速发展，特别是苹果和国际商业机器公司（International Business Machines Corporation，下文简称IBM）等公司的台式机性能逐渐超过运行专家系统的通用型计算机性能，专家系统的风光逐渐褪去。人工智能研究再次遭遇经费危机，许多人工智能项目被迫中断或取消，整个领域的发展陷入了停滞状态。在这一时期，机器学习逐渐成为人工智能的焦点。机器学习旨在让机器具有自动学习的能力，通过算法使机器能够从大量历史数据中学习规律并对新的样本做出判断识别。IBM的AI系统"深蓝（Deep Blue）"和"沃森（Watson）"在当时取得了显著成就，分别在国际象棋和电视问答节目中战胜了人类选手。

## 三、深度学习概念

人工智能、机器学习和深度学习三者的关系如图1-2所示。深度学习（Deep Learning，DL），是机器学习领域中的一个重要分支，也是当前人工智能领域的研究热点之一,在图像识别、语音识别、自然语言处理等领域取得显著进展。深度学习通过模拟人脑神经网络的结构和工作方式,实现对数据的自动提取和特征学习,从而完成复杂的任务。

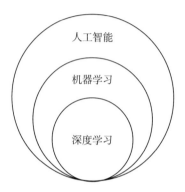

图 1-2　深度学习与机器学习、人工智能的关系

深度学习的概念源于人工神经网络的研究。传统的神经网络模型通常只有几层结构,难以处理复杂的数据和任务。深度学习通过不断增加神经网络的层数(即提升模型的深度),赋予其能力去自动学习并提取数据中从低层到高层逐渐抽象和复杂的特征表示。这一过程允许模型将基础的特征元素(如图像的像素、文本的词汇)组合成更高层次的、富含语义的属性或特征类别。通过这样的组合与抽象,深度学习能够发现数据中的分布式特征表示,这些表示不仅捕捉了数据的局部细节,也蕴含了全局的结构和模式,从而显著提升模型在处理复杂任务时的性能。

## 四、深度学习发展

深度学习作为人工智能领域中的一项关键技术,其发展并非一蹴而就,而是经历了长时间的探索和演变。深度学习发展历程如图 1-3 所示。

### (一)神经网络的起源

深度学习的起源可以追溯到人工神经网络的研究,是机器学习领域的一个重要分支。1943 年,美国心理学家沃伦·麦卡洛克(Warren McCulloch)和数学家沃尔特·皮特斯(Walter Pitts)首次提出了神经网络模型,即 M-P 模型。这一模型模拟了人类神经元的基本工作原理,为后来的神经网络研究奠定了基础。然而,神经网络的真正发展始于 1957 年——感知机的出现。感知机是人工神经网络模型之一,能够通过简单的权重调整来识别二分类问题。尽

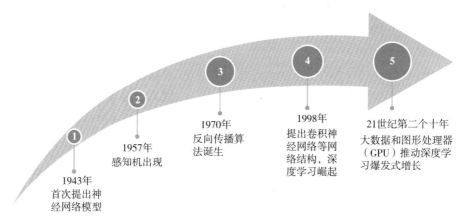

图 1-3 深度学习发展历程

1943年
首次提出神经网络模型

1957年
感知机出现

1970年
反向传播算法诞生

1998年
提出卷积神经网络等网络结构，深度学习崛起

21世纪第二个十年大数据和图形处理器（GPU）推动深度学习爆发式增长

管感知机的功能有限，但是它的出现标志着神经网络研究的开端，为后续的研究提供了方向。

**（二）反向传播算法的诞生**

由于感知机只能解决简单的线性分类问题，无法解决类似异或的非线性问题，这就导致神经网络的研究陷入了低谷。这时反向传播（Back Propagation，BP）算法的出现让神经网络重获新生，这一算法通过计算预测值与真实值之间的误差，并将其反向传播到每一层神经元，来调整每一层神经元的权重。BP算法的提出极大地提高了多层神经网络的训练效率，为后来深度学习的发展奠定了基础。

**（三）深度学习的崛起**

随着BP算法的普及，神经网络再次成为热门话题，深度学习的理论和应用逐渐发展起来。1989年，Yann等人提出了卷积神经网络（Convolutional Neural Network，CNN），并在手写字符识别任务上取得了重大突破。CNN通过模拟生物视觉传导通路的方式，实现了对图像的有效处理。这一模型的提出标志着深度学习在计算机视觉领域的初步应用。除了CNN之外，这一时期还涌现出了许多其他重要的神经网络结构。例如，循环神经网络（Recurrent Neural Network，RNN）和长短期记忆网络（Long Short - Term Memory，LSTM）等模型结构的提出，它们均被用于处理时间序列数据。这些模型结构的出现极大地丰富了深度学习的工具箱，为后来深度学习在各个领域的应用提供了有力支持。

### （四）大数据与 GPU 的推动

进入 21 世纪第二个十年，随着互联网的飞速发展和大数据时代的到来，深度学习迎来了爆发式增长。大数据为深度学习提供了丰富的训练数据资源，而 GPU 并行计算能力的提升则大大提高了深度学习的训练速度。这两个因素共同推动着深度学习在各个领域的广泛应用。2012 年，Geoffrey Hinton 和他的团队在 ImageNet 图像识别大赛中使用了深度学习方法并取得了显著成绩。这一成果进一步推动了深度学习在计算机视觉领域的广泛应用。随后几年里，深度学习技术在计算机视觉、语音识别、自然语言处理等多个领域取得了重大突破并逐渐渗透到工业界，成为众多科技产品和服务的核心技术。在这一时期，深度学习领域涌现出了许多经典的模型结构。例如，VGGNet、GoogleNet、ResNet 等卷积神经网络模型在图像分类任务上取得了优异性能；LSTM、GRU 等循环神经网络模型在自然语言处理领域取得了很大进展；GAN 等生成模型则为图像生成、图像转换等领域提供了新的思路和方法。

## 第二节 / 深度学习架构与关键技术

深度学习，作为机器学习的一个分支，其本质是通过构建深层次的神经网络模型，来模拟人脑的学习过程，从而实现对复杂数据的自动提取、转换和特征表示。深度学习架构是这些模型的组织结构和实现方式，决定了模型的学习能力、效率和适用性。它提供了丰富的函数和工具，使开发者能够方便地创建、调整和优化神经网络模型。深度学习架构的不断发展和完善推动了人工智能技术的创新。

### 一、深度学习架构

深度学习架构通常由多层神经网络组成，包括输入层、隐含层和输出层。深度学习框架如图 1-4 所示。

### （一）输入层

深度学习的输入层是神经网络与外界数据直接交互的接口。它接收原始数据，如图像像素、文本字符或声音波形等，将其转换为神经网络可以理解的数据形式。输入层的设计通常与数据的类型和结构紧密相关，例如，对于图像处理任务，输入层通常会是一个像素矩阵；对于时间序列数据，输入层可能是一系列时间步的集合。

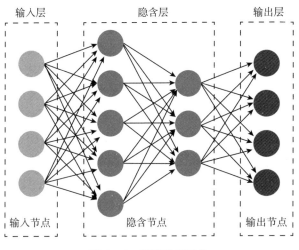

输入层       隐含层       输出层

输入节点       隐含节点       输出节点

图 1-4    深度学习架构

输入层负责将接收到的数据传递给网络的第一层隐含层。在传递过程中，输入层不对数据进行任何处理或变换，它只是起到分发数据给隐含层的作用。然而，输入层神经元的数量和排列方式对后续层的处理有重要影响，因为它们定义了数据的初始表示形式和维度。

在某些特定类型的网络中，比如卷积神经网络（CNN），输入层可能包含一些特定的预处理操作，例如，归一化或数据增强可以改善模型的训练效果和性能。此外，输入层的输入数据维度（即神经元数量）与模型的输入数据维度相匹配，确保了数据可以在网络中有效传递。

**（二）隐含层**

深度学习的隐含层是神经网络中位于输入层与输出层之间的层，它们在训练过程中不直接与外界接触，但能够通过学习和提取输入数据的特征，辅助网络进行决策和预测。隐含层的深度（层数）和宽度（每层的神经元数量）决定了网络的复杂度和学习能力，而适当的激活函数、正则化技术、参数初始化方法、优化算法以及学习率调整策略等都是影响隐含层性能的关键因素。

在深度学习中，隐含层的设计至关重要，因为深层网络能够捕捉更复杂的特征和模式。每一层的神经元通过激活函数引入非线性，使得网络可以模拟更加复杂的函数。此外，随着深度学习技术的发展，出现了如批量归一化、残差连接、注意力机制等新技术，这些都极大地改善了隐含层的训练效率和模型性能。

隐含层的数量和配置取决于特定任务的需求。更多的隐含层通常能够提升网络的表示能力，但也会增加模型的复杂性和计算成本。实践者需要通过实验来确定最佳的网络架构，以避免过拟合或欠拟合，实现在训练数据上的良好表现以及在未知数据上的稳健泛化。

在深度学习中，隐含层是构建深度神经网络（DNN）、卷积神经网络（CNN）、循环神经网络（RNN）等模型的重要组成部分。通过堆叠多个隐含层，这些模型能够实现对复杂数据的深度学习和处理，从而在各种领域（如计算机视觉、自然语言处理、语音识别等）中取得优异的表现。在实际应用中，需要根据具体任务和数据特点来选择合适的隐藏层设计方案，以实现最佳的性能。

### （三）输出层

深度学习的输出层是神经网络中最终用于生成预测结果的层。它通常位于网络的最后一层，紧随最后一个隐含层之后。输出层的设计取决于特定的任务类型和目标，例如，对于分类问题，输出层的神经元数量通常与类别的数量相匹配，并采用 $Softmax$ 激活函数来输出每个类别的概率分布；而对于回归问题，输出层可能只有一个神经元，使用线性激活函数来预测连续值。

输出层的作用是将网络学到的高级特征和表示转换为具体的输出形式，如类别标签、实数值或任何其他形式的输出。这一层的神经元通过激活函数处理来自前一层的信号，并产生最终的预测结果。在某些情况下，输出层也可能集成损失函数，直接衡量预测值与真实值之间的差异，从而指导网络的训练。

在训练阶段，输出层的预测结果会与实际的目标值进行比较，产生的误差信号用于指导网络权重的调整。因此，输出层不仅影响模型的最终性能，也对训练过程的效率和稳定性有重要作用。正确配置输出层对于确保深度学习模型能够有效解决特定任务至关重要。

## 二、深度学习关键技术

深度学习作为人工智能领域的一个重要分支，其关键技术包括基本神经元、算法与模型、优化算法、数据预处理与增强等。近年来，深度学习算法性能和效果的不断提升，推动了人工智能的快速发展。

### （一）神经元

神经网络是深度学习的基础，它由多个神经元（或称节点）和连接这些神经元的权重组成。通过学习和调整权重参数，来实现复杂的模式识别和数据处理任务。其中，每个神经元接收来自其他神经元的输入信号，并通过激活函数经非线性变换后输出。多层神经元的组合形成了深度神经网络，能够实现对复杂数据的处理和学习。

神经网络通过前向传播算法将输入数据传递到输出层，生成输出结果。在训练过程中，使用反向传播算法计算损失函数相对于每个权重的梯度，并通过优化算法（如梯度下降）调整权重，以减小损失，提高网络的预测准确性。

神经元主要有三个基本要素：权重、偏置和激活函数，其结构如图 1-5 所示。

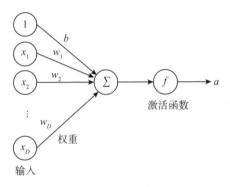

图 1-5　神经元结构

**1. 权重**　权重是神经网络中连接各个神经元之间的参数。在神经网络的前向传播过程中，每个神经元的输入都是前一层神经元输出的加权和。这些权重代表了不同神经元之间连接的强度或重要性。

在神经网络的训练过程中，权重的值是通过学习算法（如反向传播算法）自动调整的。学习算法会根据网络的预测误差来调整权重，以最小化误差来提高网络的性能。这个过程通常涉及梯度下降等优化算法，它们会根据误差的梯度来调整权重的值，使网络能够逐渐学习到输入和输出之间的复杂映射关系。通过调整权重，神经网络可以学习并适应各种复杂的任务和数据集。

**2. 偏置**　偏置（图 1-5 中的 $b$）是神经网络中每个神经元特有的一个参数，它加在神经元输入的加权和之后，再经过激活函数处理得到最终的输出。偏置项的存在为神经网络的输出提供了额外的自由度。它允许神经元在没有输入或输入很小的情况下仍然有一定的激活程度，这对于处理某些类型的输入数据或实现特定的函数映射是非常有用的。在训练过程中，学习算法会根据网络的预测误差来调整偏置项的值，以最小化误差来提高网络的性能。

**3. 激活函数**　激活函数定义在每个神经元上，并决定神经元的输出，为神经网络提供必要的非线性，允许模型学习并逼近复杂的函数和多维度数据关系。如果没有激活函数，即使是拥有多层结构的神经网络也只能表示线性关系，这限制了网络的表示能力和解决问题的复杂度。激活函数的引入使得神经网络可以捕获数据的非线性特征，从而用于解决更为复杂的任务，如图像识别、语音识别和自然语言处理等。

常见的激活函数包括 $ReLU$（修正线性单元）、$Sigmoid$、$Tanh$（双曲正切）和 $Softmax$ 等。其中，$ReLU$ 由于其计算简单和缓解梯度消失问题的特性，在深度学习中被广泛使用。$Softmax$ 常用于多分类任务的输出层，将输出转换为概率分布。选择合适的激活函数对于网络的性能至关重要，它影响了网络的学习效率、收敛性质和模型的泛化能力。

## （二）神经网络算法

神经网络算法可以分为多种类型，其中典型的有卷积神经网络（CNN）、循环神经网络（RNN）、长短期记忆网络（LSTM）、门控循环单元（GRU）4 种。

**1. 卷积神经网络（CNN）**　卷积神经网络是一种深度学习模型，特别适用于处理具有网格结构的数据，如图像和视频。CNN 通过卷积和池化等操作来提取数据的局部特征，并通过层次结构将这些特征组合起来，以进行更高级别的特征表示和分类。

在卷积层中，每个卷积核（或称过滤器）在整个输入图像上滑动，并与其覆盖的区域进行卷积操作。这个过程中，卷积核的权重是共享的，即对于输入图像的不同区域，使用的是相同的权重。这有助于减少网络参数的数量，降低计算复杂度。同时，在卷积层中，每个神经元只与输入图像的一个局部区域（即感受野）相连，而不是与整个输入图像相连。这种局部连接机制使网络能够捕捉到图像中的局部特征，如边缘、纹理等。卷积操作如图 1-6 所示。

卷积神经网络通过其独特的卷积和池化操作，以及权值共享和局部连接等特性，在图像识别、视频分析、自然语言处理等多个领域取得了显著成果。随着深度学习技术的不断发展，CNN 的应用前景将更加广阔。

**2. 循环神经网络（RNN）**　循环神经网络是一种具有循环结构的神经网络，其核心思想是将前一个时间步的输出作为下一个时间步的输入，能够很好地处理序列数据，如时间序列数据、语音和文本等。并且 RNN 的隐藏状态在每个时间步都会进行更新，来作为下一个时间步的输入之一。这种机制使

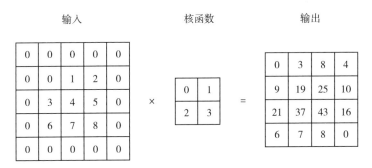

图 1-6    卷积操作

RNN 能够保持对过去信息的记忆，并在处理序列数据时考虑到历史信息。然而，传统的 RNN 在处理长序列时容易出现梯度消失或梯度爆炸的问题，导致无法有效学习到长期依赖。为了解决这个问题，研究人员提出了多种改进的 RNN 结构，如长短期记忆网络（LSTM）和门控循环单元（GRU）。这些结构通过引入门控机制来控制信息的传递和遗忘，从而有效解决了梯度消失或梯度爆炸的问题。

RNN 是一种强大的深度学习模型。它能够引入时间序列上的隐藏状态和循环结构，具有处理序列数据和捕捉长期依赖关系的能力。这些特点使 RNN 在自然语言处理、语音识别、时间序列预测等领域具有广泛的应用前景。

**3. 长短期记忆网络**（LSTM）    长短期记忆网络是一种特殊类型的循环神经网络，是为解决传统 RNN 在处理长序列数据时面临的梯度消失和梯度爆炸问题而设计的。LSTM 的核心是细胞状态（Cell State），它贯穿整个网络，用于保存长期信息。此外，LSTM 还包含 3 个重要的门结构，即遗忘门（Forget Gate）、输入门（Input Gate）和输出门（Output Gate），这些门结构通过 Sigmoid 函数控制信息的流入、流出和遗忘。

LSTM 通过引入门控机制和细胞状态，在长序列中保持信息，从而捕捉到长期依赖关系。这使得 LSTM 在处理需要理解长期依赖的序列数据时非常有效，如在处理自然语言处理中的文本生成、机器翻译等任务时。LSTM 在多个领域都表现出了优异的性能和应用前景，是处理序列数据的重要工具之一。

**4. 门控循环单元**（GRU）    门控循环单元是一种常用于自然语言处理和序列数据处理的神经网络模型，属于循环神经网络的一种变体。与 LSTM 相似，GRU 也通过引入门控机制来控制信息的流动，但在结构上更为简化。GRU 包含两个主要的门控单元，即更新门（Update Gate）和重置门（Reset Gate）。

这两个门通过特定的计算方式控制信息的保留和遗忘，从而实现对序列数据的建模。

GRU 通过其独特的门控机制，能够有效地处理序列数据中的长期依赖关系。无论是文本、语音还是时间序列数据，GRU 都能够捕捉到数据中的上下文信息，从而进行准确的建模和预测。与标准的 RNN 相比，GRU 引入门控机制，能够在一定程度上缓解梯度消失或爆炸的问题。这使得 GRU 在训练过程中更加稳定，能够处理更长的序列数据。同时，与 LSTM 相比，GRU的结构更为简化，参数数量较少。这不仅降低了 GRU 的复杂度，还提高了计算效率。在资源受限或实时性要求较高的场景下，GRU 是一个更为合适的选择。

由于其结构简单且计算效率高，GRU 广泛应用于文本生成、语音识别、时间序列预测等任务处理。在实际应用中，GRU 通常作为深度学习框架中的预定义层来被使用。用户可以方便地搭建包含 GRU 层的神经网络模型，以实现对复杂序列数据的学习和预测。

### （三）神经网络优化算法

神经网络优化算法中，比较常见的有梯度下降（Gradient Descent）算法、反向传播（Back Propagation）算法。

**1. 梯度下降算法** 梯度下降（Gradient Descent）算法是一种优化算法，用于寻找函数的局部最小值。梯度下降算法的核心思想是通过迭代的方式更新参数，以减小函数值（即损失或成本）。在每次迭代中，算法会计算当前参数下损失函数的梯度（即由函数值对各个参数的偏导数组成的向量），然后沿着梯度的反方向（因为梯度方向是函数值增加最快的方向，所以反方向是函数值减少最快的方向）更新参数。在机器学习和深度学习中，它通过最小化损失函数（Loss Function）或成本函数（Cost Function）来训练和优化模型参数。梯度下降算法如图 1-7 所示。

**2. 反向传播算法** 反向传播（Back Propagation）算法，简称 BP 算法，是深度学习中的核心优化算法。BP 算法通过计算损失函数对每个参数的偏导数来实现权重的更新和模型的训练改进。这种从输出层开始，逐层向输入层传递误差信号的方法，有效解决了多层网络中的权重调整问题，极大地推动了深度学习的发展。

在反向传播过程中，首先进行的是前向传播，即输入样本从输入层传入，经过各隐含层处理后传向输出层。如果输出层的预测值与真实标签不符，算法

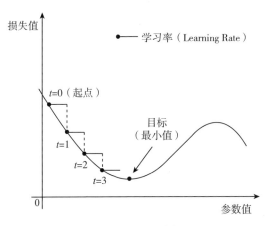

图 1-7 梯度下降算法

则转入误差的反向传播阶段。这一阶段将输出误差通过某种形式传递回隐含层和输入层，并逐层分配误差，以获得各层的误差信号，为调整单元权值提供依据。

## （四）数据预处理和特征学习

数据预处理和特征学习是神经网络训练过程中不可或缺的两个环节，对于提高神经网络的性能和泛化能力具有显著影响。通过有效的数据预处理，可以提高神经网络的训练效率和性能。而通过特征学习，神经网络能够自动地从原始数据中提取和表征关键信息，进而实现更为精确和稳定的预测和提高分类能力。

**1. 主成分分析** 主成分分析（Principal Component Analysis，PCA）是一种常用的数据降维技术，通过保留数据中的主要特征信息，去除冗余和噪声，提高数据处理的效率和效果。它通过正交变换将一组可能线性相关的变量转换为一组线性不相关的新变量，这些新变量被称为主成分。主成分是原始变量的线性组合，其数量通常不多于原变量的个数，但它包含了原始数据的大部分信息，使数据的维度降低，便于进一步地分析和处理。

作为一种非常有用的数据分析工具，PCA 可以在不损失或很少损失原有信息的前提下，将原始数据转换为更加简洁、有效的形式，便于后续的数据处理和分析工作。在深度学习应用中，可以帮助减少神经网络输入层的维度，提高训练效率，同时也可用于增强模型的泛化能力，特别是在处理高维数据时，如图像和视频数据处理。

**2. 自动编码器**　自动编码器（AE）是一种无监督学习领域中的神经网络架构，它主要用于数据压缩和特征学习。它主要由两部分组成：编码器和解码器。编码器负责将输入数据压缩成低维表示形式（即潜在空间表示），而解码器则负责将这个低维表示重建成原始数据的高维表示。整个训练过程的目标是使输入数据和重建数据之间的差异最小化，通常通过损失函数来衡量，如均方误差（MSE）或二元交叉熵（BCE）。

它在数据压缩、特征学习、数据去噪、数据生成、图像处理和异常检测等方面具有广泛的应用价值。通过学习输入数据的低维表示，AE能够揭示数据的内在结构和关键特征，为后续的深度学习任务提供有力的支持。

**（五）生成模型**

在深度学习中，生成模型（Generative Models）是一种能够生成与训练数据具有相似分布的新数据样本的模型，如生成对抗网络（GAN）和变分自编码器（VAE）。这些模型通过学习数据的潜在分布，能够创造出全新的、与实际数据极其相似的实例，广泛应用于图像生成、数据增强等领域，实现更加智能化和个性化的数据生成和表示学习。

**1. 生成对抗网络**　生成对抗网络（Generative Adversarial Network, GAN）是一种非监督学习的方法，通过两个神经网络相互博弈的方式进行学习，由生成器网络和判别器网络两部分组成。在训练过程中，生成器网络和判别器网络相互对抗：生成器网络试图欺骗判别器网络，使其无法准确地区分生成的数据和真实的训练数据；判别器网络则试图正确地识别哪些数据是真实的，哪些是由生成器生成的。通过不断地迭代训练，生成器网络逐渐学习到如何生成更逼真的数据，而判别器网络则逐渐变得更加准确。最终，生成器网络可以生成与训练数据相似的新数据，这些数据几乎可以以假乱真。GAN模型结构如图1-8所示。

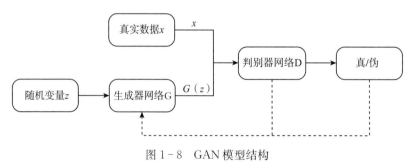

图1-8　GAN模型结构

GAN 模型的主要优势在于其能够生成高质量、多样化的数据样本，尤其在图像生成、语音合成、自然语言处理等领域表现出色。其应用场景广泛，包括图像和视频的生成与编辑、数据增强、异常检测、药物设计以及作为其他深度学习任务的辅助工具等。

**2. 变分自编码器**  变分自编码器（VAE）是一种基于变分贝叶斯推断的生成式网络结构，由 Kingma 等人于 2014 年提出，与 GAN 模型一样被视为无监督学习领域中具有研究价值的方法之一。由于通过最大化数据的边际对数似然的下界来进行训练，所以 VAE 在生成模型和连续数据建模中表现出色。

VAE 的核心思想是通过使变分下界最大化来训练模型。变分下界是数据对数似然的一个下界，通过最大化这个下界，可以间接地使数据的对数似然最大化，从而训练出更好的生成模型。

VAE 是一种强大的生成式模型，通过引入潜在空间中的随机变量和变分下界的概念，实现对数据的概率建模和生成。VAE 在图像处理、自然语言处理和推荐系统等领域都有广泛应用前景，在某些情况下，VAE 可能会出现由于生成的样本缺乏多样性从而产生模式崩溃的问题。

VAE 结合了变分贝叶斯推断和自编码器的思想，通过引入潜在空间的随机变量来学习数据的潜在分布。VAE 由两部分组成：一个是编码器网络，它将输入数据映射到潜在空间的均值和方差参数；一个是解码器网络，它从潜在空间采样并重构输入数据。这种结构使 VAE 能够生成新的、与训练数据相似的样本，同时学习潜在空间中的有效表示。

在 VAE 的训练过程中，通常使用重构误差和 KL 散度两个损失函数的加权组合来优化模型。重构误差衡量解码后的数据与原始输入之间的差异，而 KL 散度则衡量编码得到的潜在变量分布与标准正态分布之间的差异。这种损失函数的设计鼓励模型在重构数据的同时，保持潜在空间的简洁性和结构化。

VAE 广泛应用于图像生成、声音合成、文本生成等领域。由于 VAE 能够生成连续且有意义的潜在空间，所以也常用于半监督和无监督的深度学习任务。例如，在图像处理中，VAE 能够根据潜在向量的不同值来生成具有特定属性的图像，如人脸表情、发型等。此外，VAE 的潜在空间还可以用于学习数据的低维表示，为其他机器学习任务提供有用的特征。

**（六）注意力机制**

注意力（Attention）机制在深度学习中扮演着"智能筛选器"的角色。通过训练，模型能够学会自动调整其关注点，即对不同输入元素分配不同的权重。这些权重反映了元素对当前任务的重要性，使模型在处理复杂数据时能够更加高效且准确地捕捉关键信息，忽略不重要的细节，从而提升整体性能。

注意力机制的实现方式多种多样，包括点积注意力、加性注意力、自注意力等。其中，点积注意力是一种简单而有效的注意力机制，它通过计算查询（Query）和键（Key）之间的点积来衡量它们之间的相似度，从而得到注意力权重。加性注意力则通过引入一个权重矩阵来计算查询和键之间的相似度。自注意力则是一种特殊的注意力机制，它允许模型在处理输入序列时同时考虑序列中的每个元素，从而捕捉元素之间的长期依赖关系。

注意力机制在深度学习的多个领域中都展现出了巨大的潜力，包括自然语言处理、图像识别与理解、语音识别等。其优势在于能够显著提升模型的性能，特别是在处理长序列或复杂结构数据时，通过将注意力集中在关键部分，减少了计算资源的浪费，并增强了模型的解释性和可理解性。

## 第三节　深度学习应用

深度学习作为一种模拟人类大脑学习机制的高级技术，通过构建复杂精巧的人工神经网络结构，从大量数据中自动发掘并提炼高价值的特征表示，进而解决各种复杂的模式识别问题。凭借深度学习技术强大的自动特征提取、学习与决策能力，它已经在图像识别、自然语言处理、语音识别、智慧农业、医疗健康、金融服务等众多领域展现出非凡的应用潜力和显著的社会经济价值，累积了很多的成功案例。

### 一、深度学习应用领域

深度学习在计算机视觉、自然语言处理、语音识别与合成、自动驾驶、医疗健康、智慧农业、金融服务等众多领域展现出其强大的应用潜力和价值，推动了各行业的智能化发展。图1-9展示了深度学习的部分应用领域，下面对几个重要应用领域进行介绍。

#### （一）计算机视觉

深度学习在计算机视觉领域展现出极为广泛的应用范畴，涵盖了图像分类、目标检测、人脸识别等关键任务。其中，卷积神经网络（CNN）以其卓越的性能在图像识别任务中脱颖而出，成为安防监控等多个行业领域的核心技术支撑。

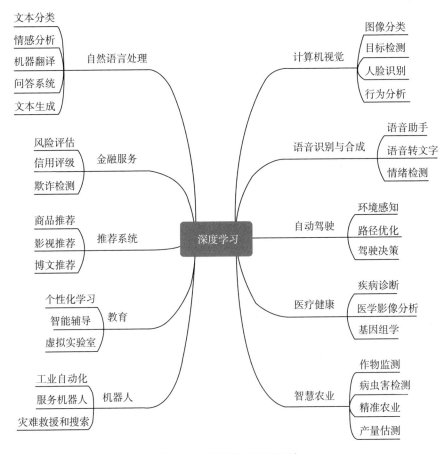

图 1-9 深度学习应用领域

在自动驾驶系统中，深度学习技术赋能车辆以实时环境感知能力，精准执行障碍物检测与路径规划，极大地提升了行车的安全性与智能化水平。

### （二）自然语言处理

自然语言处理（NLP）作为深度学习的另一重要应用分支，其发展深受Transformer 模型及其变种的影响，这些模型极大地推动了文本生成与理解领域的进步。特别是 BERT 模型，通过在大规模文本数据上实施预训练策略，学习并掌握了语言的通用表征能力，在众多 NLP 基准任务上表现了卓越的性能。此外，GPT 模型作为基于 Transformer 架构的生成式预训练典范，展现了生成连贯、自然且富有逻辑文本内容的强大能力。这些模型拓宽了 NLP 的应用边界，深刻影响了机器翻译、文本分类、情感分析、智能问答等多个核心任务。

## （三）语音识别与合成

语音识别，作为一种将人类语音信号转换为可编辑文本的技术，亦称为语音转文本。深度学习技术的应用显著增强了语音识别的精确度和鲁棒性，同时也在语音合成领域提升了输出语音的自然度与表现力。具体来说，在语音识别领域，深度学习算法能够自主地从广泛的语音数据集中学习并提取语言的声学特性及深层语义信息，进而实现对人类语音输入的高度准确识别。而在语音合成方面，深度学习技术则能够有效模拟人类语音的发音规律与语调动态，实现更加自然、流畅的语音生成效果。

## （四）自动驾驶

深度学习为自动驾驶技术的发展提供了关键的、强有力的技术支持。通过模拟人脑神经网络的运作机制，深度学习能够从大量数据中学习并提取特征，为自动驾驶技术带来了革命性的突破。具体而言，在感知层面，深度学习技术可以高效处理来自摄像头、激光雷达等传感器的复杂数据，实现对道路、车辆、行人及交通标志等周围环境的精准识别与实时跟踪；在决策与规划方面，深度学习算法通过不断学习历史数据和实时环境信息，能够预测其他道路使用者的行为模式，并据此为自动驾驶车辆规划出最优的行驶路径和驾驶策略。在自动驾驶系统中，深度学习技术赋能车辆以实时环境感知能力，精准执行障碍物检测与路径规划，极大地提升了行车的安全性与智能化水平。

## （五）医疗健康

深度学习技术在医疗健康领域的应用涵盖医学影像分析、疾病诊断、基因组学研究等多个方面。深度学习通过其强大的模式识别与数据分析能力，为医生提供更为精准的疾病诊断工具，有效提升医疗影像解读的准确性与效率。同时，深度学习还促进新药研发流程的优化，通过高效的数据处理与预测模型，加速候选药物的筛选与评估过程。具体而言，在医学影像分析中，深度学习算法能够自动检测并标记出肿瘤、病变等异常组织区域，为医生提供决策支持，辅助其制定更合理的治疗方案。在基因组学领域，深度学习通过对大规模遗传信息的深度挖掘，揭示疾病发生的遗传基础，为精准医疗策略的制定提供科学依据。

## （六）智慧农业

在农业科学领域，深度学习技术的运用涵盖了作物种植与管理、土壤属性分析与优化、智能农业机械及自动化系统、农产品品质监控与分级，以及市场趋势预测与决策支持系统等多个方面。深度学习能够协助农业从业者迅速掌握田间作物的空间分布与生长态势，自动识别并诊断病虫害，实时提供预警信息，同时辨识农田中的作物、杂草及障碍物，从而实现农业作业的精确化与自动化。例如，深度学习算法支撑下的智慧农业管理系统、智能农业机器人等创新应用，为农业生产活动提供了更高效率、更可持续的解决方案。

### （七）金融服务

深度学习技术在金融领域的应用也非常广泛，包括风险评估、欺诈检测、智能投资等方面。深度学习利用复杂的模型结构，对庞大的金融数据集进行深入分析，识别潜在的风险因素，并据此提供智能化、数据驱动的决策支持。例如，在风险评估方面，深度学习能够综合评估借款人的信用历史、财务状况等多维度信息，以预测其潜在的违约风险，为金融机构的信贷决策提供科学依据。而在欺诈监测领域，该技术能够自动识别并分析交易行为中的异常模式，有效预警并防范欺诈活动的发生，保障金融交易的安全性与可靠性。

## 二、深度学习应用案例

深度学习，作为人工智能的核心驱动力，正以其独特的优势，深刻驱动着千行百业转型与升级。从基础性的图像识别任务到复杂的自然语言处理挑战，从人机交互领域的语音识别进步到自动驾驶技术的革新，再到医疗健康领域精准诊断能力的提升，深度学习技术的应用范围已广泛渗透至社会经济的多个层面。同时，智慧农业的快速发展进一步拓展了深度学习的应用边界，展现了其广阔的应用前景与无限的可能性。

### （一）图像识别领域

AlexNet：2012 年，Alex Krizhevsky 及其团队在 ImageNet 这一大规模图像识别竞赛中，凭借深度学习模型 AlexNet 取得了显著成就。该模型的成功不仅标志着卷积神经网络（CNN）在图像特征提取与分类任务中的有效性得到了验证，而且极大地促进了深度学习技术在图像识别领域的广泛应用。AlexNet 通过精心设计的多层卷积与池化层结构，有效提取并整合了图像中的关键信息，进而实现了高效的图像分类性能，推动了计算机视觉技术的飞跃，为后续的图像识别、目标检测等应用奠定了坚实基础。

### （二）自然语言处理领域

GPT 系列模型：由 OpenAI 开发的 GPT（Generative Pre-trained Transformer）系列模型，包括 GPT-1、GPT-2、GPT-3、GPT-4 等版本，展

现了其生成接近人类水平的自然语言文本的能力，为该领域的技术进步开辟了新路径。这些模型通过采用自注意力机制，有效地捕捉并处理了文本序列中的长距离依赖关系，从而实现了包括文本自动生成、摘要提取，以及问答系统构建等在内的多样化自然语言处理任务，显著提升了相关应用的性能与实用性。

### （三）语音识别领域

DeepSpeech：最初由 Baidu Research 开发，后由 Mozilla 进一步开发并开源的 DeepSpeech 是一个开源的语音识别系统。它采用了深度学习技术，特别是循环神经网络（RNN）和卷积神经网络（CNN）的结合，实现了高精度的语音识别。DeepSpeech 的显著优势之一在于其广泛的语言与方言覆盖能力。该系统经过精心设计，能够处理并识别来自多种不同语言及方言的语音输入，这一特性极大地扩展了其应用场景，使其能够支持全球范围内的语音交互需求。无论是在智能设备、虚拟助手还是其他各类需要语音作为输入方式的应用场景中，DeepSpeech 都能提供稳定且可靠的语音识别支持，为构建更加自然、流畅的人机交互体验奠定了坚实的基础。

### （四）自动驾驶领域

Waymo：隶属于谷歌母公司 Alphabet，是一家专注于自动驾驶技术研发的企业。该公司利用深度学习技术赋能其自动驾驶汽车，通过集成并处理激光雷达、摄像头、精密雷达等多种高精度传感器的数据流，实现了对车辆周边环境的细致感知与精准判断，进而支撑起高效的驾驶决策与控制过程。这一技术架构使 Waymo 的自动驾驶系统能够迅速识别道路状况、交通参与者动态，以及潜在障碍物等复杂信息，并基于这些信息做出即时且合理的驾驶决策与控制指令。这一过程体现了 Waymo 在自动驾驶算法设计上的深厚积累，彰显了其在多源数据融合与实时处理方面的技术实力，为自动驾驶技术的商业化应用奠定了坚实的基础。

### （五）医疗领域

AlphaFold：作为 DeepMind 公司的一项杰出成果，其模型在蛋白质结构预测的科学领域实现了里程碑式的进展。该模型巧妙融合了深度学习算法，通过对蛋白质序列中氨基酸排列的深入解析，能够以前所未有的精度预测出蛋白质的三维空间构象。这一技术突破不仅极大地缩短了蛋白质结构解析的时间周期，降低了实验成本，而且为药物研发过程中的靶点识别、药物设计优化，以及疾病诊断中基于蛋白质结构的生物标志物发现等关键环节提供了强有力的工具与数据支撑，促进了生命科学研究的深入发展。

## （六）智慧农业领域

"AI＋5G"智能种植系统：充分利用了人工智能的深度学习算法和5G通信的高速、低延迟特性，通过物联网传感器实时收集种植大棚内的环境数据，如温度、湿度、光照等，并依据内置的种植数据模型进行智能分析。该系统能够自动调节温室环境，实现作物生长全过程的精准管理，包括灌溉、施肥、病虫害防控等。这一创新应用不仅显著提高了作物产量和品质，还降低了生产成本，推动了农业生产的智能化、绿色化和高效化。

## （七）金融领域

ZestFinance的信用评估模型：ZestFinance是一家专注于利用机器学习和深度学习技术改进信用评分的金融科技公司。通过分析大量的非传统数据（如社交媒体行为、手机使用习惯等）以及传统的财务数据，ZestFinance开发了一种高度准确的信用评分模型。该模型能够捕捉到更细微的风险信号，从而为那些传统信用评分系统无法有效评估的客户提供更公平、更准确地信用评估。ZestFinance的信用评估模型不仅提高了贷款审批的准确性，还帮助金融机构降低了违约风险，扩大了服务范围，特别是针对那些信用记录较少或不完整的客户群体。

## （八）其他领域

推荐系统：深度学习在推荐系统领域也有广泛应用。通过分析用户的历史行为、兴趣偏好等多维度数据，构建精准的用户画像，深度学习模型能够为用户推荐个性化的内容或商品，提升用户体验，增加平台收益。

图像处理：除了图像识别外，深度学习还应用在图像超分辨率、图像去噪、图像风格迁移等多个图像处理任务中。例如，通过深度学习技术可以将低分辨率的图像放大到高分辨率，或者将一幅图像的风格迁移到另一幅图像上。

这些典型案例展示了深度学习在不同领域的广泛应用和巨大潜力。随着技术的不断进步和应用场景的不断拓展，深度学习将在更多领域中发挥重要作用，推动社会经济的持续发展和进步。

# 第四节 深度学习在智慧农业中的应用

随着农业信息化和机械化进程的加速推进，以及人工智能、云计算、大数据、物联网等技术的快速发展，我国农业正迈入智慧农业新时代，智慧农业正成为推动农业高质量发展的"先手棋"。国家层面高度重视智慧农业的发展，出台了一系列政策措施支持智慧农业建设。《数字乡村发展行动计划（2022—2025 年)》中明确提出了"智慧农业创新发展行动"，以加快推动智慧农业发展。智慧农业从研发阶段逐步转向实际工程应用阶段，成为推动传统农业向现代农业转变的关键技术。

## 一、国外智慧农业发展现状

智慧农业涵盖了智能感知与监测、农业大数据分析、智能决策支持系统、精准农业、智能农机装备、农业机器人等关键内容，代表了大数据和人工智能时代发达国家农业发展的趋势，已在全球范围内获得广泛重视。美国、英国、澳大利亚、法国、德国、日本等国家发布了包括美国国家科学和技术委员会（NSTC）的"国家人工智能研发战略计划"、产业战略白皮书、农业 4.0 手册、农业创新 2025、数字农业、社会 5.0 等多项政策，积极布局并推动智慧农业的发展。根据预测，截至 2025 年，全球智慧农业市场的总价值有望达到 683 亿美元。

在全球农业数字化进程中，美国具有显著的智慧农业发展优势。作为率先提出精准农业概念并进入农业数字化时代的国家——美国，其农业以大型家庭农场为主要经营模式，特点是人力成本较高且人均耕种面积较大，这决定了美国农业依赖于机械化和数字化来降低成本。自 20 世纪 70 年代起，美国已达到较高的农业机械化水平，为智慧农业的发展奠定了基础。特别是从 20 世纪 90 年代开始，随着信息技术的进步，智慧农业逐步兴起并取得了显著进展。在播种阶段，美国的农业实践涉及将天气、土壤等农业生产参数与耕地、能源等资源信息以及市场、劳动力数据集成至计算机系统，以制定最优种植方案，并依据土质和气候变化选择适宜作物。播种过程中，智能机器人、智能农机等设备被用于实现播种自动化。在管理环节，美国通过推进农业物联网技术，实时监控农场内的温度、湿度、风力、降雨及作物长势等信息，以精准确定化肥、农药施用时间和施用量。在收获阶段，智能收割机、智能采摘机等智能机械的应用实现了大规模、高效率的收获作业。在整个智慧农业过程中，综合运用了物联网、遥感、地理信息系统、全球定位系统、计算机视觉等技术，以采集作物生长环境信息、监测作物长势和产量。此外，通过深度学习技术进行分析决策和精准种植，实现了农业的高效益和可持续发展。

智慧农业在日本的发展现状呈现出高度技术集成与广泛应用的特点。日本政府高度重视农业物联网技术的发展，通过引入无人机、无人驾驶技术等先进技术，实现了农业生产的智能化和省力化。这些技术的应用不仅提高了农业生产效率，降低了劳动强度，还吸引了更多年轻人进入农业领域。在农业生产过程中，日本智慧农业注重精细化栽培和科学管理，通过引入信息与通信技术（ICT 技术）和人工智能，对农作物进行精准管理，提高了农作物的产量和品质。同时，日本还积极推进农业种植基地的物联网改造，实现了农业可视化远程诊断、远程控制、自动预警等智能化管理功能。这些技术的应用使日本农业在面临劳动力短缺和人口老龄化等挑战时，依然能够保持较高的生产效率和竞争力。此外，日本还注重农业市场的信息化建设，建立了完善的农业市场信息服务系统，为农户提供了精确的市场信息，帮助他们更好地调整生产计划和产品结构。总的来说，日本智慧农业的发展已经取得了显著成效，为全球智慧农业的发展提供了有益的经验和借鉴。

## 二、国内智慧农业发展现状

农业强国是社会主义现代化强国的根基。习近平总书记指出："建设农业强国，基本要求是实现农业现代化"。智慧农业是现代农业发展的最新阶段，具有宽领域、广渗透的特性，可以应用于不同区域、多元场景、各类主体和各个环节，是一个全面、立体、融合的智能化产业体系，对于大幅提升农业生产效率、破解"谁来种地"难题、提高农事管理效能等具有重要支撑推动作用。其发展的广度和深度决定了农业现代化发展的后劲，因此受到国家的大力推广。

随着新一轮工业革命的兴起，以数字化、智能化为特征的技术正在加速与农业农村融合。物联网、大数据、人工智能等新一代信息技术与农业农村的深度融合，推动我国农业向智慧农业方向迈进。在"十四五"时期，我国大力推进农业农村现代化发展进程，并制定了《"十四五"推进农业农村现代化规划》。通过这些政策和规划的实施，我国智慧农业将迎来更加广阔的发展前景，为农业现代化和乡村振兴战略的实施提供有力支撑。在精准农业方面，通过传感器和数据分析，实现精准播种、施肥、灌溉和病虫害防治，提高作物产量和品质；在农业物联网方面，将物联网应用于农业生产、管理和服务，实现设备互联、数据共享和智能决策；在农业无人机方面，利用无人机进行农田巡查、作物监测、病虫害预警和精准施药等，提高作业效率和精准度；在农业信息服务方面，通过大数据和云计算技术，为农民提供市场信息、气象信息、生产指导等服务，帮助农民科学决策。得益于社会环境的支持以及技术的不断提升，我国智慧农业行业正在不断发展，市场规模持续增长。据中商产业研究院发布的报告，2022 年中国智慧农业市场规模达到 868.63 亿元，同比增长约 26.81％，2023 年市场规模约为 940 亿元（由于报告发布在 2024 年之前，所以报告中预测了 2024 年的市场规模将超过 1 000 亿元）。

与此同时，我国智慧农业发展还处于初级阶段，在农业大模型、农业大数据、信息设施建设、智能农机、高性能农业传感器、精准农业模型、信息化人才队伍及智慧农业大面积推广应用等方面存在不足。

## 三、深度学习在智慧农业中的应用

随着深度学习的不断发展，其在智慧农业领域的应用也日益广泛和深入。河南农业大学团队应用深度学习、图像处理、遥感等技术，开展了小麦、玉米、花生、棉花、苹果、马铃薯等作物的出苗监测、长势监测、生育期识别、营养监测、病虫害识别监测、产量估测等研究。本著作主要从作物长势监测、产量估测和病虫害识别监测三个方面进行论述。

在作物长势监测领域，深度学习能够通过对农田中作物的图像进行识别和分析，精准地判断作物的种类、生长阶段以及健康状态。Chew 等（2020）提出了一种分类算法，用于在无人机获取的 RGB 图像中识别选定的农作物和其他类型。利用深度卷积神经网络和迁移学习，采用 VGG－16 模型和 ImageNet 数据集进行预训练。实验结果表明，该模型的 $F1$、精确度、召回率和准确率均为 0.86。Mputu 等（2024）为实现对番茄的在线质量分级，提出了一种基于外部图像特征的番茄品质分级方法。该方法利用预训练网络中的微调技术和以传统的机器学习算法为分类器实现。实验结果表明，使用 InceptionV3 作为特征提取器，在公开数据集上将番茄分为成熟、未成熟、衰老的和坏了的准确率可达到 97.54％。岳凯等（2024）为实现在大量重叠、枝叶遮挡背景下对柑橘果实的快速识别，提出了一种基于改进 YOLOv8n 的柑橘识别模型——YOLOv8－MEIN。与原模型 YOLOv8n 相比，该模型的 $mAP@0.5$、召回率、$mAP@0.5\sim0.95$ 分别提高了 0.4、1.0、0.6 个百分点，模型大小和参数量分别降低了 3.3％和 4.3％。

本著作在第二章介绍了基于改进 FasterNet 的轻量化小麦生育期识别，所提出的改进网络模型——FSST 模型，使模型整体层数减少至原来的一半，在内存占用、准确率和识别时间 3 个指标上，相比于 FasterNet、GhostNet、ShuffleNetV2 和 MobileNetV3，均取得了最优的结果，可为大田作物生长实时监测提供一定信息技术支持。

在产量估测领域，深度学习模型通过对作物生长过程中叶片、茎秆、果实等关键部位的图像进行深入分析，能够精准捕捉与产量紧密相关的表型特征，如生长阶段、果实密度、叶面积指数等。这一技术不仅能够实现作物产量的早期估测，还能预测其未来生长周期内的产量趋势。Gopal 等（2019）研究多元线性回归（MLR）和人工神经网络（ANN）之间的内在联系，提出了一种混合模型——MLR-ANN 模型，用于有效预测作物产量。在该模型中，用MLR 的系数和偏差来初始化输入层的权值和偏差。实验将该混合模型的预测精度与 ANN、MLR、支持向量机、K-近邻和随机森林模型进行了比较，并计算了 MLR-ANN 模型和传统 ANN 的计算时间。实验结果表明，所提出的混合模型比传统模型具有更高的精度。Khaki 等（2020）基于环境数据和管理实践提出了一种使用卷积神经网络（CNN）和循环神经网络（RNN）进行作物产量估测的模型。与反向传播算法结合，该模型可以揭示天气条件、天气预测的准确性、土壤状况和管理实践能够在多大程度上解释作物产量的变化。该模型在玉米和大豆上的均方根误差（$RMSE$）分别为平均产量的 9% 和 8%。鲍文霞等（2023）以无人机小麦作物图像为研究对象，针对图像中麦穗分布稠密、重叠现象严重、背景信息复杂等特点，设计了一种基于 TPH-YOLO 的麦穗检测模型。结果表明，该研究方法的精确率、召回率及平均精确率分别为87.2%、84.1% 和 88.8%。相较于基础的 YOLOv5 目标检测网络模型，该研究方法的平均精确率提高 4.1 个百分点，性能优于 SSD 目标检测网络模型、Faster-RCNN 目标检测网络模型、CenterNet、YOLOv5 目标检测网络模型等模型。

本著作在第三章介绍了基于改进 YOLOv5 目标检测网络模型的小麦小穗检测计数研究。相较于 SSD 目标检测网络模型和 Faster R-CNN 目标检测网络模型，改进 YOLOv5 目标检测网络模型在小穗检测计数上效果最好。为进一步提高模型的应用价值和方便模型部署到算力较低的平台设备中，采用剪枝设计思想在保持特征参数和保证识别准确率的基础上删减了部分上采样与特征融合模块，对 YOLOv5s 模型进行了轻量化改进。相关研究可为小麦育种和田间产量估测提供一定方法支撑。

在病虫害识别监测领域，通过对作物叶片、果实等部位的图像进行分析，深度学习技术能够发现病虫害的早期迹象，并预测其发展趋势。Lippi 等（2021）针对榛子果园中的害虫问题，提出了一个数据驱动的害虫检测系统。

基于 YOLO 的卷积神经网络，对在真实室外环境中收集的自定义数据集进行训练，并获得了 94.5% 的平均精度。Roy 等（2022）为了解决植物病害检测中存在的分布密集、形态不规则、多尺度目标分类、纹理相似性等问题，提出了一种高性能的实时细粒度目标检测模型。该模型建立在 YOLOv4 算法的改进版本上，对骨干网络中的 DenseNet 模块进行优化特征传递和重用，并在主干和颈部新增两个残差块来增强特征提取。实验结果显示，该模型的精度值为 90.33%，$mAP$ 为 96.29%。王会征等（2024）针对自然环境中番茄叶片病虫害检测场景复杂、检测精度较低、计算复杂度高等问题，提出一种 SLP‐YOLOv7‐tiny 深度学习模型。实验结果表明，SLP‐YOLO‐v7‐tiny 的模型整体识别准确率、召回率、$mAP@0.5$、$mAP@0.5\sim0.9$ 分别为 95.9%、94.6%、98.0%、91.4%。

本著作在第四章介绍了提出的基于 YOLOv8 改进的 YOLOv8s‐CGF 模型，实现小麦麦穗赤霉病检测。通过 C‐FasterNet 模块、GhostConv 以及移除大目标检测头来减少参数量与计算量。相较于原模型 YOLOv8，该模型的参数量、计算量大幅降低，$mAP@0.5$ 达到 99.492%。本著作在第五章介绍了一种融合归一化与全局池化的多尺度 VGG 模型，用于高效地识别玉米病害。改进模型在参数量、训练时间、测试速度上均优于传统模型，平均准确率达到 99.3%。本著作在第六章运用图像处理和深度学习技术，提出 ECA‐ResNet101 分类模型和 BTC‐YOLOv5s 实时检测模型，实现苹果病害识别。ECA‐ResNet101 分类模型通过优化器选择和注意力机制嵌入，实现 97.03% 的识别准确率，优于其他模型。BTC‐YOLOv5s 实时检测模型通过 BiFPN、Transformer 和 CBAM 模块优化，提升检测性能，$mAP@0.5$ 最高达 84.3%，模型轻量且鲁棒性强。相关研究可为作物病害识别和深度学习模型改进提供一定参考。

深度学习应用于智慧农业，是一种高技术、高投入的农业形式，其具体实施要综合考虑农业生产单位的实际需求、信息基础设施建设情况、农业智能装备情况、算力支撑情况等，期望编著者团队积累的深度学习在智慧农业中的研究、经验和做法，能够对基于深度学习的智慧农业研究项目的实施起到开拓思路的作用，并把相关内容作为深度学习在智慧农业应用系统集成和项目实施的参考和依据。

# 第二章 基于改进FasterNet的轻量化小麦生育期识别

随着人工智能技术的广泛应用，深度学习算法在不断提升图像分类任务的准确率，其中卷积神经网络在农业图像识别领域备受青睐。随着智能化技术在场景识别、物体分类等方面的研究不断深入，深度学习在农业领域的应用前景日益广阔。深度学习凭借其高效率和准确性，逐渐成为了农作物物候特性识别的理想选择。针对真实环境下大田复杂背景的小麦生育期识别需求，本章将从小麦图像数据集、小麦生育期识别模型、结果与分析等方面进行阐释。

## 第一节 小麦图像数据集

### 一、数据来源

以河南省冬小麦为研究对象，可知其生长周期为 $220 \sim 270$ 天，一般划分为播种期、出苗期、分蘖期、越冬期、返青期、起身期、拔节期、孕穗期、抽穗期、开花期、灌浆期和成熟期 12 个生育时期。选取小麦越冬期、返青期、拔节期、抽穗期四个生育时期进行研究，其冠层图像采集于河南省许昌市河南农业大学许昌校区试验田（$113°58'26''E$，$34°12'06''N$），采集时间为 2021 年 1 月至 4 月。试验田的气候属暖温带大陆性季风气候，四季分明，年平均气温为 $14.6℃$，年平均无霜期为 216 天，年平均降水量为 728.9mm，适合小麦等粮食作物生长。图像是通过使用智能手机（小米 8，后置 $1.2×10^7$ 的双摄像头，手机拍摄模式设定为 AI 模式下的光学变焦，最高分辨率 $4\,344×4\,344$）在距离地面定高 1 米处进行拍摄的。所有图像均在 10：00—11：00、14：00—15：00 两个时间段内且在自然光照、自然环境条件下进行采集。小麦所处生育期、拍摄日期与图像数量如表 2-1 所示。

小麦生育期部分原始图像如图 2-1 所示（见彩插）。

表 2-1 不同生育期图像数量

| 生育期 | 拍摄日期 | 图像数量（幅） | 分割后图像数量（幅） |
|---|---|---|---|
| 越冬期 | 2021 年 1 月 15 日 | 102 | 918 |
| 返青期 | 2021 年 3 月 5 日 | 80 | 720 |
|  | 2021 年 3 月 19 日 | 80 | 720 |
|  | 2021 年 3 月 30 日 | 80 | 720 |
| 拔节期 | 2021 年 4 月 9 日 | 86 | 774 |
| 抽穗期 | 2021 年 4 月 15 日 | 83 | 747 |

## 二、数据集划分

本书将扩充和增强后的数据集按照比例 7∶3 划分成训练集和验证集。

原始图像像素尺寸大，数量有限（共计 511 幅图像），具有高精度小样本数据集特点。为扩充小麦生育期图像数据集，首先将原有 511 幅小麦生育期图像进行等比分割，分割为 9 份；然后将分割后的图像尺寸重新调整至 448×448；最后将图像数据集扩充至 4 599 张。图像分割方法如图 2-2 所示（见彩插）。

对于输入图像，尽管进行了分割扩充操作，但仍建立在原始图像之上。为了进一步提高模型的鲁棒性，需要对图像进行增强操作，包括采用随机裁剪、随机旋转、随机翻转、随机缩放和随机噪声等数据增强技术。这些操作旨在增加数据集的多样性，提高模型的泛化能力，使模型在训练过程中能更好地模拟实际场景中的变化和不确定。每次训练迭代时，增强函数会对输入图像进行再一次增强处理。这可以增加数据多样性，从而提升模型泛化能力。

## 第二节／小麦生育期识别模型

### 一、FasterNet

FasterNet 是一种高效的神经网络，通常用于完成目标检测任务，其在速度和精度方面进行了优化，优于 Sachin 等（2021）提出的 MobileVit 等网络。FasterNet 的核心思想是在保持轻量级和高速度的基础上，提高特征表达能力和感受野的覆盖范围。FasterNet 网络结构由 4 个阶段组成，如图 2-3 所示。图中每个阶段都对特征进行提取，仅在卷积核大小上有区别，Embedding 模块由一个步长为 4 的正则卷积组成，Merging 层由一个步长为 2 的卷积组成，用于空间下采样和通道数扩展。

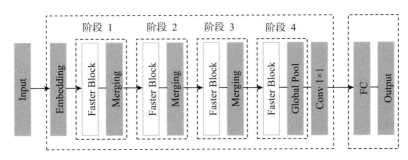

图 2-3 FasterNet 网络结构

FasterNet Block 模块是 FasterNet 网络结构的核心模块，该模块设计思想来源于 GhostNet，其在一定程度上解决了特征卷积通道上存在的冗余问题。与 GhostNet 相比，FasterNet Block 模块并没有采用 DWConv（深度可分离卷积），而是提出了一种新的算子——PConv（部分卷积）。PConv 通过减少冗余计算和内存访问来更有效地提取空间特征。FasterNet Block 模块结构如图 2-4 所示。首先使用 3×3 的 PConv 提取特征，然后通过 1×1 的 Conv（标准卷积）进行特征降维，接着经过 BN（Batch Normalization）归一化和 *GELU* 激活函数处理后使用 1×1 的卷积进行升维，最后将升维的特征与输入特征进行相加得到最终输出。

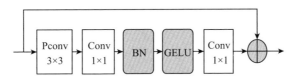

图 2-4 FasterNet Block 模块结构

## 二、改进 FasterNet 的轻量化小麦生育期识别模型

为解决由于大田环境下小麦背景图像复杂，以及图像尺寸偏大而导致的识别准确率较低、模型尺寸大、处理效率不高的问题，在轻量化、特征融合和网络结构调整三方面对 FasterNet 进行了改进。

### （一）模型轻量化改进

Channel Shuffle 机制的操作能够有效地增强特征的跨通道交流，从而

提高网络模型性能，同时在一定程度上减少模型计算复杂性。它将特征图
分组并使用不同的卷积核进行卷积，降低计算复杂度的同时保证模型性
能。此外，Channel Shuffle 机制的操作还打破了输入特征图不同通道之间
的依赖关系，增加了模型泛化能力。同时，它也增强了不同分组特征之间
的信息流动，有助于挖掘潜在的特征信息。在 FasterNet 中，PConv 操作虽
然大幅度提高了计算效率，但模块末尾的 Conv1×1 卷积仍然存在较大的资源
消耗。为进一步提升模型性能，将末尾的 Conv1×1 卷积块替换为 GConv1×1
（分组卷积）模块。同时加入 Channel Shuffle 机制，进而降低参数量和计
算量。

原有的 FasterNet Block 模块将最初的特征先进行 3×3 的部分卷积，然后
经过 1×1 的标准卷积，通过 BN 归一化和 *GELU* 激活函数处理后再进行 1×1
的卷积，最终与初始特征进行 Add 操作。而对 FaserNet Block 模块的改进点
主要是在 Channel Shuffle 机制的基础上先通过全局平均池化层再与最初的特
征进行相加。将 FasterNet Block 模块中最后一层 Conv 操作替换为 GConv，
以降低标准卷积的计算量。同时引入 Channel Shuffle 机制，将3×3 的部分卷
积模块接入 1×1 的卷积块。改进的模块结构如图 2-5 所示。

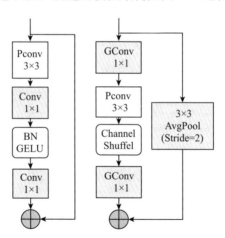

图 2-5　FasterNet Block 模块改进

## （二）特征融合与注意力机制

特征融合能够综合利用各种信息，使模型更好地理解数据的内在结构和规
律。注意力机制通过有选择地关注输入信息中的一部分，而忽略其他不太相关
的信息来处理任务。Swin Transformer 模块是一种使特征融合与注意力机制

综合实现的模块，其结构如图2-6所示。该模块能够有效地利用Transformer的自注意力机制，捕捉图像中的高级特征，从而提高分类准确率。此外，Swin Transformer模块通过将图像分解为多个小块并分别进行自注意力计算，降低模型参数量和计算复杂度。

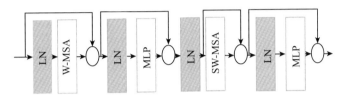

图2-6　Swin Transformer模块结构

SwinTransformer模块由四个核心模块组成，分别是一个多头自注意力机制（Windows Multi-Head Self-Attention，W-MSA）模块、两个多层感知机（Multi-Layer Perceptron，MLP）模块和一个偏移的多头自注意力机制（Shifted Windows Multi-Head Self-Attention，SW-MSA）模块。每个模块前都会使用LN（Layer Normalization）归一化，在模块后又会使用Add操作将特征相加，通过组合四个模块得到了Swin Transformer模块的结构。将Swin Transformer模块接到第四层卷积后，使模型融合多尺度特征并实现自注意力机制，从而提高模型精度。

### （三）网络结构改进

轻量化Swin Transformer模块具有的特征融合和自注意力机制能够显著提升模型的综合性能，但是Transformer仍然是一个较为复杂的模块，不可避免地会增加模型复杂度。FasterNet网络结构最初设计的目的是在Deng等（2009）所提出的千万数量级别的ImageNet数据集上进行分类，该数据集包含图像类别多达1 000类。使用的小麦生育期数据集无论是图像数量还是图像类别均远低于ImageNet公共数据集。为此，本书重新设计了Faster-Net的整体架构以减少该模型复杂度，提出一种基于FasterNet的轻量化网络模型——FSST（Fast Shuffle Swin Transformer）模型。FSST模型将模型整体层数减至原来的一半，且只包含四个改进的Faster Block模块，并将第一个FasterNet Block模块中PConv的输出通道数从50降至32，最后一个FasterNet Block模块中PConv的输出通道数从1 280降低为512，其整体架构如图2-7所示。

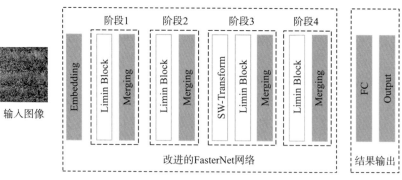

图 2-7   FSST 模型网络结构

## 三、Lion 优化器

Lion（EvoLved Sign Momentum）优化器是谷歌在 2023 年通过数千 TPU 小时的算力搜索，并结合人工干预得到的一个具有更高的速度且占用显存更少的优化器。Lion 优化器在图像分类、图文匹配、扩散模型、语言模型预训练和微调等多个任务上进行了充分的实验。多数任务都显示 Lion 优化器比目前主流的 Kingma 等（2014）提出的 Adam 优化器、Liu 等（2019）提出的 Radam 优化器和 Ilya 等（2017）提出的 AdamW 优化器拥有更好的效果。

Lion 优化器的更新过程为

$$
\begin{cases}
\mu_t = sign(\beta_1 m_{t-1} + (1-\beta_1) g_t) + \lambda_t \theta_{t+1} \\
\theta_t = \theta_{t-1} - \eta_t \mu_t \\
m_t = \beta_2 m_{t-1} + (1-\beta_1) g_t
\end{cases}
\qquad 公式（2-1）
$$

其中

$$
g_t = \nabla_\theta L(\theta_{t-1}) \qquad 公式（2-2）
$$

$$
sign(\theta) = \begin{cases} 1 & (\theta > 0) \\ -1 & (\theta < 0) \end{cases} \qquad 公式（2-3）
$$

公式（2-2）中 $g_t$ 是损失函数的梯度，AdamW 优化器的更新过程为：

$$
\begin{cases}
m_t = \beta_1 m_{t-1} + (1-\beta_1) g_t \\
v_t = \beta_2 v_{t-1} + (1-\beta_2) g_t \\
\hat{m}_t = m_t \div (1-\beta_1^t) \\
\hat{v}_t = v_t \div (1-\beta_2^t) \\
\hat{\mu}_t = \hat{m}_t \div (\sqrt{\hat{v}_t} - \varepsilon) + \lambda_t \theta_{t-1} \\
\theta_t = \theta_{t-1} - \eta_t \mu_t
\end{cases}
\qquad 公式（2-4）
$$

使用 Lion 优化器替换 AdamW 优化器，Lion 优化器相比 AdamW 优化器参数更少，同时少缓存一组参数 $v$，因此更节约显存。并且，Lion 优化器去掉了 AdamW 优化器更新过程中计算量最大的除法和开根号运算，减少了计算量，提升了其运算速度。

## 四、试验设置与评价指标

本试验的硬件环境为：内存 32GB，CPU Intel® Core™ i7 - 11800F，GPU NVIDIA V100 32GB。操作系统为 Windows 11，选用的开源深度学习框架为 Torch。通过 Torch 调用 GPU，实现不同神经网络的训练。试验时，将图像尺寸固定为 $448 \times 448$，优化器分别采用 AdamW 优化器和 Lion 优化器，批次大小设置为 16，学习率初始值为 0.001，迭代次数为 120。通过与 Faster-Net、GhostNet、ShuffleNetV2 和 MobileNetV3 的比较来评估本研究方法的性能。

使用模型在自建的小麦生育期数据集测试集上的准确率、精确率、召回率和 $F1$ 值衡量模型的性能。同时，使用参数量、模型内存占用量、每秒浮点计算量（下文称为 $FLOPs$）和 100 幅生育期图像的平均识别时间作为模型复杂度衡量指标。

## 第三节 结果与分析

### 一、Channel Shuffle 机制对模型的影响

为探究 Channel Shuffle 机制的模块位置与网络性能的关系，分别将 Channel Shuffle 机制的模块接入模型的每个 FasterNet Block 模块的内部（A1）、每个 FasterNet Block 模块的外部（A2）、第一个 FasterNet Block 模块和最后一个 FasterNet Block 模块之间（A3），并进行对比，如图 2 - 8 所示。

小麦生育期数据集测试集上的结果如表 2 - 2 所示。从表 2 - 2 可以看出，在 A1 区域添加 Shuffle Channel 机制的模块，准确率明显升高。其原因是将输入特征与输出特征连接后进行通道混洗，从而达到不同通道间信息交换的目的，增强了模型非线性表示能力。在 A2 区域添加 Channel Shuffle 机制的模块，虽然准确率相较于在 A1 区域添加提升 0.12 个百分点，由于添加的 Channel Shuffle 机制的模块过多，参数量增加 $1.2 \times 10^6$，同时准确率提升不大，总体

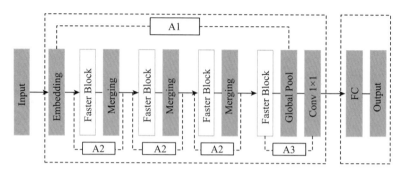

图 2－8　Channel Shuffle 机制添加位置

不利于轻量化性能提升。而在 A3 区域添加 Channel Shuffle 机制的模块后，参数量基本不变且准确率下降，效果最差。

表 2－2　**Channel Shuffle** 机制的模块在不同位置的效果

| 模块位置 | 准确率（%） | 精确率（%） | 召回率（%） | $F1$ 值 | 参数量 |
|---|---|---|---|---|---|
| A1 | 98.15 | 92.13 | 92.31 | 89.47 | $9.26 \times 10^6$ |
| A2 | 98.27 | 92.24 | 97.32 | 96.58 | $1.46 \times 10^7$ |
| A3 | 96.48 | 90.58 | 92.10 | 76.27 | $9.26 \times 10^6$ |

## 二、Swin Transformer 模块对模型的影响

为探究 Swin Transformer 模块对网络性能的影响，分别将 Swin Transformer 模块加入网络中的第三个特征提取模块和第四个特征提取模块进行验证，如图 2－9 所示。

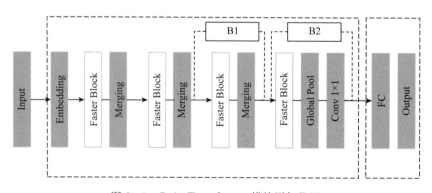

图 2－9　Swin Transformer 模块添加位置

实验结果如表 2 - 3 所示。从表 2 - 3 可以看出，在 B1 位置添加 Swin Transformer 模块后，在验证集上最高的准确率为 99.87%，相较于不添加 Swin Transformer 模块的基准模型 FasterNet 的准确率 96.19%，提高 3.68 个百分点。其主要原因可能是抽穗期高分辨率图像上具有大量的麦穗，而 Swin Transformer 模块能够更加关注密集的小目标，同时能减少背景干扰带来的影响。而在 B2 处添加 Swin Transformer 模块后准确率相较于基准模型下降 0.44 个百分点，同样遇到了由于在最后一层卷积上添加模块导致准确率降低的问题，其原因可能是特征在 B2 之前就已经固定。由于增加的模块仅位置不同而数量相同，所以并没有造成参数量改变。

表 2 - 3　Swin Transformer 模块在不同位置的效果

| 模块位置 | 准确率（%） | 精确率（%） | 召回率（%） | F1 值 | 参数量 |
|---|---|---|---|---|---|
| B1 | 99.87 | 99.69 | 99.31 | 99.50 | $1.81 \times 10^7$ |
| B2 | 95.75 | 96.78 | 96.32 | 96.55 | $1.81 \times 10^7$ |

### 三、消融实验

为了探究使用 Channel Shuffle 机制的模块、Swin Transformer 模块、Lion 优化器和架构调整的改进方式对 FasterNet 性能的影响，在小麦生育期数据集上进行了消融实验，结果如表 2 - 4 所示。

表 2 - 4　消融实验结果

| 模型 | 因素 | | | | 评价指标 | | | |
|---|---|---|---|---|---|---|---|---|
| | Channel Shuffle 机制的模块 | Swin Transformer 模块 | Lion 优化器 | 架构调整 | 准确率（%） | 参数量 | FLOPs | 模型内存占用量（MB） |
| FasterNet | √ | × | × | × | 98.27 | $9.26 \times 10^6$ | $1.17 \times 10^9$ | 182.14 |
| | × | √ | × | × | 99.87 | $1.71 \times 10^7$ | $1.64 \times 10^9$ | 304.61 |
| | × | × | √ | × | 93.25 | $1.01 \times 10^7$ | $1.25 \times 10^9$ | 200.71 |
| | √ | √ | × | × | 99.29 | $1.63 \times 10^7$ | $1.52 \times 10^9$ | 273.93 |
| | √ | √ | √ | × | 99.17 | $1.63 \times 10^7$ | $1.52 \times 10^9$ | 271.62 |
| FSST | √ | √ | √ | √ | 97.22 | $1.22 \times 10^7$ | $3.90 \times 10^8$ | 167.30 |

由表 2 - 4 可知，加入 Swin Transformer 模块带来的准确率提升最明显，

比基准模型 FasterNet 提高了 3.68 个百分点。加入 Channel Shuffle 机制的模块后准确率提升虽然较少，但参数量有所降低。Channel Shuffle 机制的模块能够同时提升模型准确率并降低参数量和模型内存占用量。调整网络结构后，准确率下降 1.95 个百分点，但参数量直接从 $1.52 \times 10^9$ 优化至 $3.90 \times 10^8$，模型内存占用量也从 271.62MB 下降到了 167.30MB，与此相比调整网络结构带来的准确率降低可忽略不计。

为了提高训练速度，使模型快速收敛，使用 Lion 优化器替换 AdamW 优化器。两种优化器在训练过程中的损失函数与准确率如图 2-10 所示。优化器

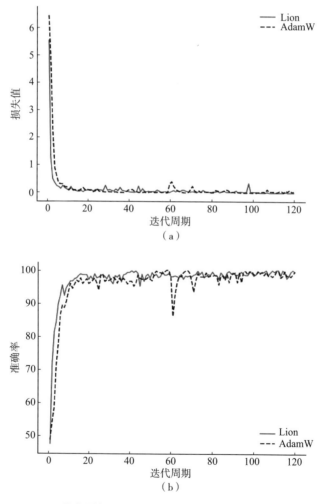

图 2-10　Lion 优化器与 AdamW 优化器训练中损失函数与准确率对比

本身的改变并不能直接影响模型的尺寸、参数量、$FLOPs$ 与模型内存占用量等相关指标。在小麦生育期验证集中，Lion 优化器带来的精度提升由于模型收敛速度变快。然而，随着轮数的持续增加，Lion 优化器与 AdamW 优化器的最终准确率逐渐接近。

## 四、FSST 模型与其他模型性能对比

采用 FSST、FasterNet、GhostNet、MobileNetV3 和 ShuffleNetV2 五种深度卷积网络模型获得的小麦生育期图像分类结果如表 2-5 所示。

表 2-5　模型性能对比

| 模型 | 参数量 | 模型内存占用量（MB） | 准确率（%） | | 识别时间（s） | $FLOPs$ |
|---|---|---|---|---|---|---|
| | | | 训练集 | 验证集 | | |
| FSST | $1.22 \times 10^7$ | 167.30 | 96.37 | 97.22 | 12.54 | $3.90 \times 10^8$ |
| FasterNet | $1.01 \times 10^7$ | 200.71 | 95.44 | 96.19 | 78.56 | $1.25 \times 10^9$ |
| GhostNet | $1.99 \times 10^7$ | 462.69 | 94.31 | 95.65 | 47.76 | $5.40 \times 10^8$ |
| ShuffleNetV2 | $8.75 \times 10^6$ | 202.78 | 97.32 | 96.58 | 45.14 | $5.50 \times 10^8$ |
| MobileNetV3 | $2.10 \times 10^7$ | 444.50 | 92.10 | 94.76 | 54.54 | $8.30 \times 10^8$ |

注：其中识别时间是指在 Intel i3550 CPU 环境下，累计识别 100 幅像素尺寸为 448×448 图像的总消耗时间。

从表 2-5 可以看出，FSST 模型对小麦生育期验证集图像的准确率最高，且识别速度最快。在参数量上，由于 FSST 模型中含有 Swin Transformer 模块，所以相比于 FasterNet 参数量增加 $2.10 \times 10^6$。在模型内存占用量、准确率和识别时间三个指标上，相比于 FasterNet、GhostNet、ShuffleNetV2 和 MobileNetV3，均取得了最优的结果。

## 五、小麦生育期识别结果

为了验证在实际场景下模型对小麦各生育期的识别准确率，将上述模型在不同生育期下的测试集上进行识别，结果见表 2-6，FSST 模型四个生育期平均识别准确率达到 97.22%，训练集错误识别样本仅有 128 个，验证集识别错误样本有 31 个。各个生育期的识别准确率也均优于其他对比模型。其中 FSST 模型在四个生育期上的混淆矩阵如图 2-11 所示。

表 2 − 6　不同模型在小麦生育期验证集下的识别准确率

单位：%

| 模型 | 越冬期 | 返青期 | 拔节期 | 抽穗期 | 平均值 |
|---|---|---|---|---|---|
| FSST | 98.36 | 96.53 | 98.05 | 96.94 | 97.22 |
| FasterNet | 97.71 | 95.83 | 96.11 | 95.42 | 96.19 |
| GhostNet | 96.18 | 95.00 | 97.36 | 95.14 | 95.65 |
| ShuffleNetV2 | 97.06 | 96.11 | 97.22 | 96.67 | 96.58 |
| MobileNetV3 | 96.18 | 94.02 | 95.83 | 94.03 | 94.76 |

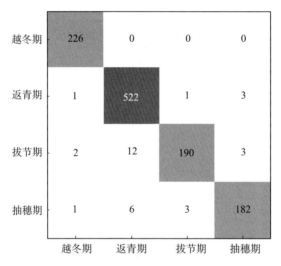

图 2 − 11　FSST 模型在四个生育期上的混淆矩阵

由图 2 − 11 可知，大部分识别错误的图像集中在拔节期和抽穗期。而越冬期图像与其他三个生育期图像差异较为明显。FSST 模型能够准确地识别出其中的差异，识别准确率最高。返青期、拔节期、抽穗期可能由于图像经过一系列增强处理，导致部分关键特征可能被抹除。如果能够拥有更多不同的训练集图像，或未来采用更好的图像增强策略，则可能会提高 FSST 模型在这三个生育期的识别准确率。

 第四节　小　　结

本章构建包含冬小麦越冬期、返青期、拔节期和抽穗期四个生育期共计

4 599 幅的小麦图像数据集，并提出一种基于 FasterNet 的轻量化网络模型——FSST 模型，开展四个关键生育期的智能识别。有如下发现。

（1）将 Channel Shuffle 机制的模块引入 FasterNet，参数量减少 $8.4 \times 10^5$。将 Swin Transformer 模块加入 FasterNet 后，模型对特征的提取能力明显增强，在测试集上准确率比基准模型 FasterNet 提高 3.68 个百分点。

（2）调整网络结构后，调整 FasterNet 的输出通道数和基本单元的堆叠次数可以大幅度降低模型复杂度。综合上述改进提出的 FSST 模型在小麦生育期图像验证集上取得了 97.22% 的准确率，并且在 Intel i3 550 CPU 环境下累计识别 100 幅像素尺寸为 448×448 的生育期图像的推理时间为 12.54s。在训练中使用 Lion 优化器替换 AdamW 优化器，能够加速网络收敛，并提升网络的推理精度。

（3）FSST 模型与 FasterNet、GhostNet、ShuffleNetV2 和 MobileNetV3 四种卷积神经网络模型相比，FSST 模型的性能更佳，综合表现更好。基于 FasterNet 改进的 FSST 模型能够兼顾性能和精度。

（4）提出的方法能够快速精准和轻量化地识别小麦关键生育期，为作物物候特性的实时智能监控提供了相关技术支持。

# 第三章 基于深度学习的小麦小穗检测计数

小麦是我国重要的粮食作物之一，在保证国家粮食安全上扮演着重要角色。快速、有效地解决大田环境下的小穗数统计问题对于小麦育种和田间估产具有重要意义。目前，小麦小穗数的测量主要依靠人工目测统计。这种方法不仅工作量大、主观性强，而且在大田环境下由于背景复杂、天气多变，存在较多的干扰因素，为相关的小穗计数工作增加了难度。近年来，随着农业信息化程度的不断提高，越来越多的深度学习技术应用到农业生产当中，针对大田条件下小麦小穗计数问题，本章将从研究内容与技术路线、研究区域与数据采集、数据集构建、YOLOv5 目标检测网络模型、小麦小穗检测计数系统设计与实现等方面进行介绍。

## 第一节 研究内容与技术路线

### 一、研究内容

在小麦小穗计数研究中，以图像处理技术为主的方法主要以成熟期麦穗为研究对象，通过特定的采集系统获取麦穗图像，取得了有意义的研究成果。但利用深度学习方法的小穗计数研究尚不多见，且现有研究中的小穗数据集多在实验室环境下拍摄获取，对于大田环境下的小穗数无损测量还有待进一步开展。本章从小穗数据集构建、模型轻量化、大田环境下的小穗计数、田间早期测产等角度出发进行实验，主要研究内容如下：

（1）数据采集与数据集构建。设计矮抗 58、西农 509、豫麦 49 和周麦 27 四个小麦品种的种植试验，通过智能手机获取开花期、灌浆期和成熟期三个生长阶段的小麦麦穗图像。使用 LabelImg 软件对采集到的麦穗图像进行小穗标注，而后利用标注好的数据构建小穗数据集。针对测试集中的图像，分别按照不同品种和不同生育期条件进行数据划分，为后面的目标检测网络模型评估分析做准备。

（2）构建 SSD、Faster R - CNN 和 YOLOv5 三种目标检测网络模型。利

用制作好的小穗数据集进行模型训练。在得到模型训练结果后,利用划分好的测试集图像,分别评估三种模型在不同品种以及不同生育期情况下的小穗计数效果。在测试集总样本图像上对比分析三种模型的小穗计数表现效果,结合各个模型在分品种和分时期条件下的计数效果,选出综合表现效果最好的模型。

(3) YOLOv5s 模型轻量化改进。在利用 YOLOv5 目标检测网络模型中的 YOLOv5s 模型取得较好的小穗检测计数结果后,为进一步扩大模型的应用空间,通过减少 YOLOv5s 模型主干网络 Backbone 网络中的卷积运算模块,降低模型对计算机硬件资源的需求,缩减模型大小,减少模型计算量,实现 YOLOv5s 模型的轻量化。为进一步减少模型对硬件计算资源的消耗,借鉴剪枝设计思想对模型进行部分上采样和特征融合模块的删减,设计出更适合低算力平台下的小穗检测计数模型。

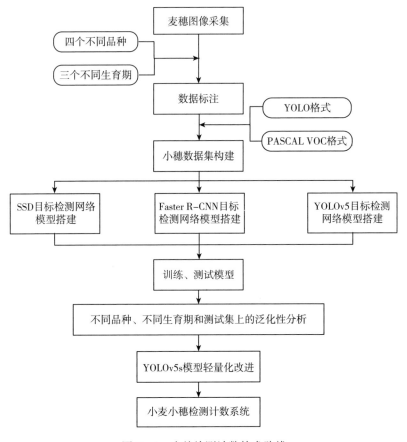

图 3-1　小穗检测计数技术路线

（4）小麦小穗检测计数系统的设计与实现。基于 YOLOv5 目标检测网络模型实现相应的系统应用，以期为小麦田间估产提供帮助。以 Pycharm 为开发工具，使用 Python 语言编写模型预测接口，利用 Vue 框架构建系统前端界面，使用轻量级的 Flask 框架搭建系统后台，最终实现小麦小穗检测计数系统的构建。

## 二、技术路线

本章实现小麦小穗检测计数的技术路线如图 3-1 所示。

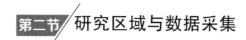

## 研究区域与数据采集

## 一、研究区域

研究区域为河南省许昌市河南农业大学许昌校区内的试验田（113°8′E，34°13′N），如图 3-2 所示。该试验田所在的镇位于黄淮平原西部，地势从西北向东南方向较为缓慢地倾斜，海拔高度最高为 160m、最低为 120m，适合小麦等粮食作物的生长。

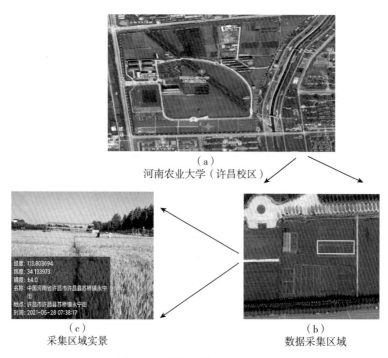

（a）
河南农业大学（许昌校区）

（c）
采集区域实景

（b）
数据采集区域

图 3-2　研究区域的地理位置

试验田区域内种植了多个小麦品种，本书进行数据采集的区域内有矮抗58、西农509、豫麦49和周麦27四个品种的小麦种植试验，设计了 N0（0kg/hm²）、N8（120kg/hm²）、N15（225kg/hm²）和 N22（330kg/hm²）四个水平的氮处理，一共16个采样区，采样区域的小麦详细种植分布情况如图3-3所示。

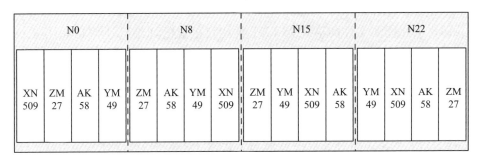

图3-3 采样区域种植分布

注：XN509为西农509；ZM27为周麦27；AK58为矮抗58；YM49为豫麦49。

## 二、数据采集

数据采集对象为前文所述四个品种在四个氮处理条件下的单个小麦麦穗。数据采集时间为2021年4月22日—2021年5月28日，7：00—11：00、17：00—19：00两个时间段，该数据采集时间涵盖了小麦生长过程中的开花期、灌浆期和成熟期。在不同品种、不同施氮水平以及不同的生育时期条件下进行拍摄，能够提高图像数据中小穗形态的多样性和复杂性，从而使后期的算法实现具有更强的鲁棒性和应用价值。采集图像数据时的天气条件为晴天、多云和阴天。图像拍摄时，选择小穗侧视角度进行拍摄，将麦穗置于镜头中间区域。图像拍摄设备主要为小米8智能手机（部分成熟期图像由华为nova3、小米9拍摄），后置1 200万像素的双摄像头，手机拍摄模式设定为AI模式下的光学变焦，图像分辨率为3 024×4 032，图像格式为JPG。图像采集时，选择小穗侧视角度，将麦穗置于镜头中间区域。经过筛选剔除掉不合格图片和冗余图片，整理后共得到1 750张麦穗图片。数据集的部分样本如图3-4所示（见彩插）。

## 第三节 数据集构建

### 一、数据标注

在使用深度学习技术领域的目标检测网络模型进行小穗计数任务时，需要对图像进行人工标注，标注工作选用 LabelImg 软件（https：//github. com/tzutalin/LabelImg）进行，标注界面如图 3－5 所示（见彩插）。

图像标注时，使用外接矩形框进行标注，按照小穗所处位置不同将小穗定义为不同类别，位于穗头位置的小穗命名为穗尖（Spikes）类，其余位置的小穗命名为穗身（Spikelets）类，共标注穗尖类 1 741 个，穗身类 35 600 个。标注文件的格式为 TXT 类型，生成的详细标注信息如图 3－6 所示。本书选用的 YOLOv5 目标检测网络模型用到的数据标注文件格式是 TXT 类型，而 Faster R－CNN 目标检测网络模型和 SSD 目标检测网络模型用到的标注文件格式是 XML 类型。因此，在对图像完成标注并获得 TXT 类型的标注文件后，需要对 TXT 标注文件进行格式转换获得 XML 类型的标注文件，以此节省标注成本，提高工作效率，转换后生成的 XML 类型标注文件如图 3－7 所示。

1-NOAK-006. txt

```
0 0.467923 0.186632 0.072751 0.126240
1 0.443122 0.235119 0.050265 0.083333
1 0.443122 0.284722 0.062169 0.082341
1 0.444444 0.338790 0.066138 0.079861
1 0.456019 0.399058 0.060847 0.078869
1 0.469411 0.468130 0.056548 0.075149
1 0.477017 0.524306 0.059193 0.069940
1 0.485946 0.585689 0.056548 0.071181
1 0.498016 0.641741 0.054894 0.062748
1 0.501157 0.691344 0.047288 0.058284
1 0.512070 0.746032 0.030093 0.050099
1 0.505787 0.251116 0.063161 0.083085
1 0.509259 0.299355 0.062169 0.090278
1 0.508598 0.359127 0.050265 0.083333
1 0.513889 0.422495 0.050265 0.079613
```

图 3－6　TXT 类型标注文件

1-NOAK-006. xml

```
<annotation>
    <folder>VOC2007</folder>
    <filename>1-NOAK-006.jpg</filename>
    <size>
        <width>3024</width>
        <height>4032</height>
    </size>
    <segmented>0</segmented>
    <object>
        <name>spikes</name>
        <pose>Unspecified</pose>
        <truncated>0</truncated>
        <difficult>0</difficult>
        <bndbox>
            <xmin>1304.99964</xmin>
            <ymin>498.000384</ymin>
            <xmax>1524.998664</xmax>
            <ymax>1007.000064</ymax>
        </bndbox>
    </object>
```

图 3－7　XML 类型标注文件

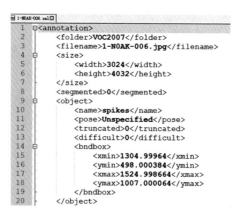

## 二、数据划分

针对标注完毕的 1 750 张麦穗图像，按照 8∶1∶1 的比例随机划分为训练集、验证集、测试集，得到训练集图像 1 398 张，验证集图像 176 张，测试集图像 176 张。训练集图像和验证集图像用来训练目标检测网络模型，测试集图像用来测试模型的小穗检测计数效果。模型在测试集上进行评估时，分别在不同品种和不同生育期条件下进行，因此有必要说明测试集图像的构成。表3－1展示了测试集图像在不同品种和不同生育期条件下划分时，图像数量和图像中小穗总数的分布情况。

表 3－1　测试集图像构成

| 品种 | 图像数量（张） | 图像中小穗总数（个） | 生育期 | 图像数量（张） | 图像中小穗总数（个） |
|---|---|---|---|---|---|
| 矮抗 58 | 42 | 870 | 开花期 | 36 | 779 |
| 西农 509 | 34 | 700 | 灌浆期 | 75 | 1 572 |
| 豫麦 49 | 56 | 1 226 | 成熟期 | 65 | 1 399 |
| 周麦 27 | 44 | 954 | | | |

## 三、数据清洗

在采集成熟期麦穗图像的过程中，由于使用 3 种型号的手机进行拍摄，导致获取到的图片格式不一，在模型训练过程中出现了 corrupted JPEG 警告。因此，需要对小穗数据集中的所有图片统一进行格式清洗，格式清洗过程使用 opencv 库中的 *imread*（）和 *imwrite*（）函数进行处理，如图 3－8 所示。

```python
1  """
2  使用Opencv对格式有损坏的JPEG图像进行读写
3  """
4  import cv2
5  import os
6
7  file_pathname = "E:/WheatData/data-separate-811-all/images--corrupted jpeg/test"
8
9  def read_path(file_pathname):
10     for filename in os.listdir(file_pathname):
11         print(filename)
12         img = cv2.imread(file_pathname+'/'+filename)
13         cv2.imwrite("E:/WheatData/data-separate-811-all/images--opencv/test"+"/"+filename, img)
14
15  read_path(file_pathname)
```

图 3－8　麦穗图像格式清洗

## 第四节 / YOLOv5 目标检测网络模型

### 一、YOLOv5 目标检测网络模型的网络结构

YOLOv5 目标检测网络模型由 Ultralytics LLC 公司于 2020 年 6 月开源，目前已更新至 6.1 版本，是在 YOLOv4 网络基础上进行改进的一阶段（One - Stage）目标检测算法。本书实验使用的是 5.0 版本，该版本包含有 YOLOv5s 模型、YOLOv5m 模型、YOLOv5l 模型和 YOLOv5x 模型四种深度和宽度不一的模型，其中 YOLOv5s 模型最小，YOLOv5x 模型最大。YOLOv5 目标检测网络模型的网络结构主要由输入端、Backbone 网络、Neck 结构和 Prediction 4 部分组成，具体网络结构如图 3 - 9 所示。

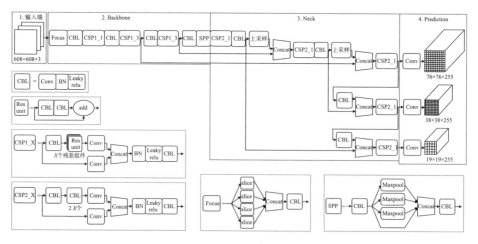

图 3 - 9　YOLOv5 目标检测网络模型结构

### 二、输入端

输入端主要包括 Mosaic 数据增强、自适应锚框计算和自适应图片缩放三部分内容。Mosaic 数据增强通过随机缩放、随机裁剪和随机排列的方式对图像进行拼接操作，将四张图片拼接为一张新图，增加了数据复杂度，丰富了数据集内容，能够提升模型对小目标的检测效果。Mosaic 数据增强后的麦穗图片如图 3 - 10 所示（见彩插）。自适应锚框计算能够针对不同的数据集来获取相应的最适锚框值。自适应图片缩放是将原始图像统一缩放为网络模型要求的标准输入尺寸。

## 三、主干网络

主干网络 Backbone 网络由两部分组成：CSP 结构和 Focus 结构。CSP 结构分为 CSP1_X 和 CSP2_X 两种，可提高 CNN 的学习能力，降低推理中的计算成本。Focus 结构的主要作用是对图片进行切片操作，将原始图片的相邻像素拆分开来，在不丢失特征信息的情况下得到四张图片，同时把 W、H 信息集中至通道空间，原本的三通道输入扩充了四倍变为十二通道，并经过卷积操作得到两倍下采样特征图，从而减少网络的计算量，具体切片操作如图 3－11 所示。

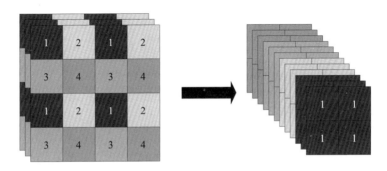

图 3－11　Focus 结构切片操作

## 四、Neck 结构

Neck 结构由 FPN 和 PAN 组合而成。FPN 通过自顶向下的上采样方式，将高层的特征信息传递至低层进行融合。PAN 通过自底向上的下采样方式，将低层的强定位特征拼接至高层。这种"双塔"设计可以有效加强网络特征的融合能力，具体结构如图 3－12 所示。

## 五、输出端

Prediction 为输出端。YOLOv5 目标检测网络模型使用 *GIOU_loss* 作为边界锚框的损失函数，采用加权 nms 的方式实现对多目标框的筛选。其中，王静等（2022）提出损失函数由边框回归损失（Bounding Box Regression Score Box_loss）、置信度损失（Objectness Score Obj_loss）和分类概率损失（Class Probability Score Cls_loss）三部分组成。

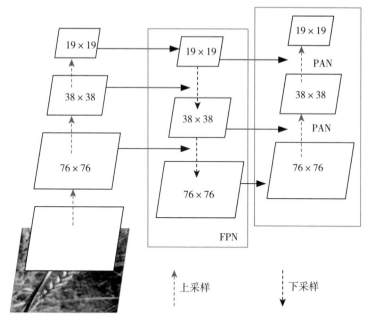

图 3 - 12 Neck 结构

## 第五节 YOLOv5s 模型轻量化改进

### 一、C3 结构与 CSP 结构

YOLOv5 目标检测网络模型在早期版本中使用的是 CSP 结构,而在 4.0 版本之后将网络中的 CSP 结构替换成了 C3 结构,因此有必要对两种结构间的差异进行说明。YOLOv5 目标检测网络模型中的 CSP 结构将来自上层的输入分为两个操作,一个是对输入进行卷积运算,缩减一半的通道数目;另一个是执行 Bottleneck * N 操作。而后通过 Concat 将两个操作进行拼接,使 CSP 结构的输入与输出保持一致大小,从而便于模型学习更多的目标特征信息。CSP 结构中的 CSP1_X 结构包含 Bottleneck 和 C3 结构,主要应用在主干网络 Backbone 网络当中。C3 结构与 CSP1_X 结构间的差异如图 3 - 13 所示。

CSP 结构中的 CSP2_X 结构同 CSP1_X 结构大致相近,不同之处在于 CSP2_X 结构将 CSP1_X 结构中的 Resunit 残差组件替换成了 2X 个 CBL,且 CSP2_X 结构主要应用在 Neck 结构当中。C3 结构与 CSP2_X 结构间的差异如图 3 - 14 所示。

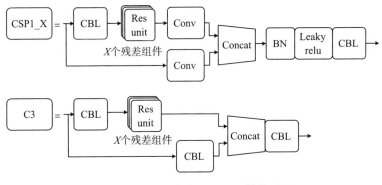

图 3 - 13 C3 结构与 CSP1_X 结构对比

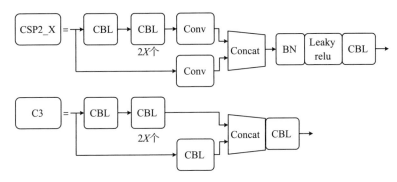

图 3 - 14 C3 结构与 CSP2_X 结构对比

## 二、YOLOv5s - T 模型

本书在利用 YOLOv5 目标检测网络模型实现小麦小穗检测计数时获得了较高的检测精度和较好的计数效果，为了进一步提高模型在小麦生产当中的应用价值，对 YOLOv5 目标检测网络模型中的 YOLOv5s 模型进行了轻量化改进设计。YOLOv5s 模型在通过卷积运算提取图像中的目标特征参数时，对计算机的算力要求较高，所需的计算资源也较多，而卷积核的大小和卷积运算次数的多少能够影响参数量的多少。基于此，本书对 YOLOv5s 模型进行轻量化改进，将主干网络 Backbone 网络中的 C3（c_in，c_out）×9 结构改为 C3（c_in，c_out）×3 结构，减少了卷积运算模块和卷积运算次数，并降低了特征图（Feature Map）的特征数，从而降低了 YOLOv5s 模型对算力的要求。改进后的 YOLOv5s 模型（书中称为 YOLOv5s - T 模型）网络结构如图 3 - 15 所示。

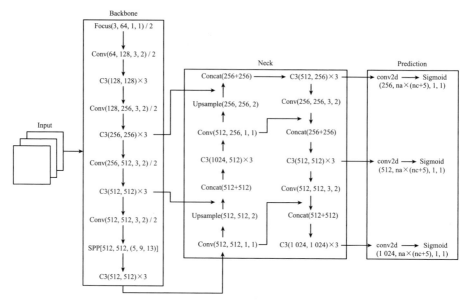

图 3-15 YOLOv5s-T 模型网络结构

### 三、YOLOv5s-T＋模型

为了进一步降低模型对硬件计算资源的依赖程度，本书在降低卷积运算量的基础上，降低了主干网络 Backbone 网络中部分 C3 模块的卷积核数量，同时使用更小的最大池化层卷积核替代原最大池化层卷积核。本书参照通常网络模型轻量化所用的剪枝设计思想，在尽量保存特征参数和保证识别准确率的基础上删减了部分上采样与特征融合模块，减少了相关操作的次数。在进行上述修改之后，模型通过融合两层特征参数进行预测。改进后的 YOLOv5s 模型（书中称为 YOLOv5s-T＋模型）的网络结构如图 3-16 所示。

## 第六节 结果与分析

### 一、实验环境配置

本书实验环境选择在极链 AI 云（https：//cloud. videojj. com/home）人工智能算力租赁平台上进行。该平台能够提供即开即用的 GPU 租用服务，便于模型搭建和训练。本书使用的算力配置为：CPU：Intel® Xeon® Silver 4110 @ 2.10GHz；GPU：NVIDIA GeForce RTX 2080 Ti；内存：16GB；显

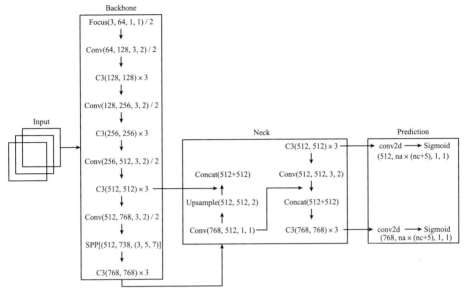

图 3-16 YOLOv5s-T+模型网络结构

存：11GB；CUDA 版本：11.1；Python 版本：3.8；运行环境：Jupyter Notebook。其中，SSD 目标检测网络模型和 YOLOv5 目标检测网络模型基于 Pytorch1.8.1 框架实现，Faster R-CNN 目标检测网络模型基于 Tensorflow1.15.5 框架实现。

## 二、算法评价指标

为了评价网络模型对小麦小穗的检测效果，使用平均精度（Average Precision，AP）和平均精度均值（mAP）作为评价指标，计算公式如下：

$$P = \frac{TP}{TP+FP} \qquad 公式（3-1）$$

$$R = \frac{TP}{TP+FN} \qquad 公式（3-2）$$

$$AP = \int_0^1 P(R)\mathrm{d}R \qquad 公式（3-3）$$

$$mAP = \frac{\sum_{j=1}^c (AP)_j}{c} \qquad 公式（3-4）$$

以检测的小穗类别为例，公式（3-1）、公式（3-2）中 TP 表示为实际小穗类别且检测正确的数量，$FN$ 表示为实际小穗类别且检测错误的数量，$FP$ 表示为实际非小穗类别且检测错误的数量。公式（3-3）中 $P（R）$ 为关于召回率的精确率曲线。公式（3-4）中 $mAP$ 是通过对所有类别的 $AP$ 值计算均值后获得的，$c$ 表示数据集中的小穗类别总数。

在检测定位小穗的同时，需要对最终的计数结果进行计数性能分析，以衡量算法对小穗计数的准确性和适用性。本书选用 Wu 等（2019）提出的决定系数 $R^2$、均方根误差（Root Mean Squared Error，$RMSE$）、平均绝对误差（Mean Absolute Error，$MAE$）和平均精确度（Accuracy，$Acc$）作为算法计数评价指标。其中，$Acc$ 和 $MAE$ 可以体现出算法检测小穗数的准确性；$RMSE$ 可以体现出算法在小穗计数问题上的泛化性和健壮性；$R^2$（取值范围为 0~1）可以反映出算法统计小穗数与真实小穗数之间的相关性，以此衡量模型的好坏。通常情况下，$Acc$ 越高、$MAE$ 和 $RMSE$ 越低，代表模型进行小穗计数的性能越好；$R^2$ 的值越接近于 1，代表算法统计小穗数与真实小穗数间的拟合效果越好。各项计数性能指标的定义如下：

$$R^2 = 1 - \frac{\sum\limits_{i=1}^{n}(t_i - p_i)^2}{\sum\limits_{i=1}^{n}(t_i - \bar{t}_i)^2} \qquad 公式（3-5）$$

$$RMSE = \sqrt{\frac{\sum\limits_{i=1}^{n}(t_i - p_i)^2}{n}} \qquad 公式（3-6）$$

$$MAE = \frac{1}{n}\sum\limits_{i=1}^{n}|t_i - p_i| \qquad 公式（3-7）$$

$$Acc = \left(1 - \frac{1}{n}\sum\limits_{i=1}^{n}\frac{|t_i - p_i|}{t_i}\right) \times 100\% \qquad 公式（3-8）$$

公式（3-5）至公式（3-8）中，$n$ 为参与评价指标计算时的图片总数量，$t_i$ 和 $p_i$ 分别代表第 $i$ 幅图片中的人工统计小穗数和算法统计小穗数。$\bar{t}_i$ 代表每 $i$ 张图片中的平均小穗数。

### 三、SSD 目标检测网络模型结果分析

#### （一）模型参数配置与训练

SSD 目标检测网络模型的训练参数配置如下：使用 VGG-16 作为预训练网络模型，采用 SGD+0.9momentum 的优化方法，学习率为 0.001，优化器

权重衰减为 0.000 5，*max_iters* 设置为 12 000 次，*batch_size* 设置为 32。SSD
目标检测网络模型在训练过程中的总损失值变化情况如图 3 - 17 所示。

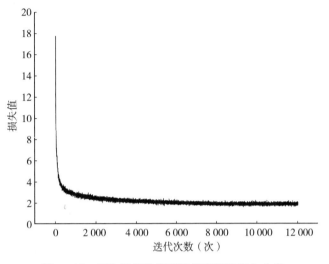

图 3 - 17　SSD 目标检测网络模型训练损失曲线

### （二）不同品种间的结果分析

　　为了检验 SSD 目标检测网络模型在矮抗 58、西农 509、豫麦 49 和周麦 27
四个不同小麦品种间的小穗检测计数性能，针对测试集中不同品种间的麦穗图
像分别进行人工统计真实小穗数和算法统计预测小穗数。在获得统计结果后，
按照不同品种分别进行算法统计小穗数与人工统计小穗数之间的线性拟合，拟
合结果如图 3 - 18 所示。可以看出，SSD 目标检测网络模型在测试集的四个小
麦品种上的拟合效果均一般，效果最好的小麦品种是西农 509，决定系数 $R^2$ 约
为 0.66。

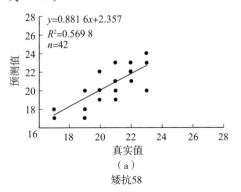

（a）
矮抗58

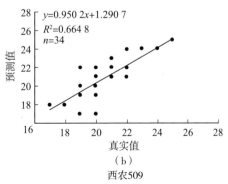

（b）
西农509

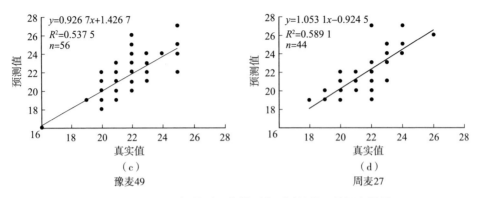

图 3-18　SSD 目标检测网络模型在不同品种上的拟合结果

表 3-2 展示了测试集图像上 SSD 目标检测网络模型在矮抗 58、西农 509、豫麦 49 和周麦 27 四个不同品种间的小穗计数效果。从表 3-1 中可以看出，SSD 目标检测网络模型在四个小麦品种上的 $RMSE$ 均在 1.21 以上，$MAE$ 均在 0.81 以上，说明 SSD 目标检测网络模型在四个不同品种上的计数效果均表现一般。

表 3-2　SSD 目标检测网络模型在不同品种上的计数效果

| 品种 | 样本数量（个） | 人工统计小穗数量（个） | 算法统计小穗数量（个） | $R^2$ | $RMSE$ | $MAE$ | $Acc$（%） |
|---|---|---|---|---|---|---|---|
| 矮抗 58 | 42 | 870 | 866 | 0.57 | 1.21 | 0.81 | 96.12 |
| 西农 509 | 34 | 700 | 709 | 0.66 | 1.22 | 0.85 | 95.77 |
| 豫麦 49 | 56 | 1 226 | 1 216 | 0.54 | 1.36 | 1.00 | 95.45 |
| 周麦 27 | 44 | 954 | 964 | 0.59 | 1.33 | 0.82 | 96.26 |

### （三）不同生育期的结果分析

为了检验 SSD 目标检测网络模型在开花期、灌浆期和成熟期三个不同生育期上的小穗检测计数性能，对测试集中的图像按照生育期划分，进行人工统计小穗数和算法统计小穗数间的线性回归分析，如图 3-19 所示。可以发现，SSD 目标检测网络模型在开花期上的拟合效果最好，决定系数 $R^2$ 约为 0.74；在灌浆期上的拟合效果最差，决定系数 $R^2$ 约为 0.47。

表 3-3 展示了 SSD 目标检测网络模型在开花期、灌浆期和成熟期三个不同生育期上的计数表现效果。结合图 3-19 和表 3-3 可以看出，SSD 目标检测网络模型在开花期图像上的小穗计数效果最好，$RMSE$ 为 1.25，$MAE$ 为 0.72；计数效果最差的时期为成熟期，$RMSE$ 为 1.40，$MAE$ 为 1.06。

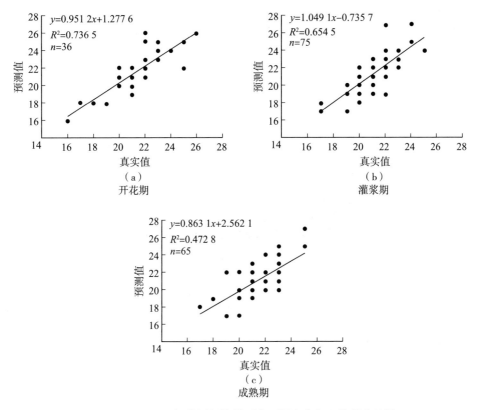

图 3-19　SSD 目标检测网络模型在不同生育期上的拟合结果

**表 3-3　SSD 目标检测网络模型在不同生育期上的计数效果**

| 生育期 | 样本数量（个） | 人工统计小穗数量（个） | 算法统计小穗数量（个） | $R^2$ | RMSE | MAE | Acc（%） |
| --- | --- | --- | --- | --- | --- | --- | --- |
| 开花期 | 36 | 779 | 787 | 0.74 | 1.25 | 0.72 | 96.67 |
| 灌浆期 | 75 | 1 572 | 1 594 | 0.65 | 1.22 | 0.80 | 96.21 |
| 成熟期 | 65 | 1 399 | 1 374 | 0.47 | 1.40 | 1.06 | 95.05 |

## 四、Faster R－CNN 目标检测网络模型结果分析

### （一）模型参数配置与训练

Faster R－CNN 目标检测网络模型的训练参数配置如下：使用 ResNet101 作为预训练网络模型，采用 SGD＋0.9momentum 的优化方法，学习率为

0.001，优化器权重衰减为 0.000 5，*max_iters* 设置为 30 000 次，*batch_size* 设置为 64。训练过程中的总损失值变化情况如图 3 - 20 所示。

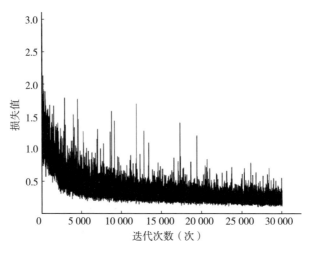

图 3 - 20 Faster R - CNN 目标检测网络模型训练损失曲线

### （二）不同品种间的结果分析

为了检验 Faster R - CNN 目标检测网络模型在矮抗 58、西农 509、豫麦 49 和周麦 27 四个不同小麦品种间的小穗检测计数性能，针对测试集中不同品种间的麦穗图像分别进行人工统计真实小穗数和算法统计预测小穗数。在获得统计结果后，对四个不同品种分别进行算法统计小穗数与人工统计小穗数之间的线性拟合，拟合结果如图 3 - 21 所示。从图中可以看出，拟合效果相对最好的品种是西农 509，决定系数 $R^2$ 约为 0.85；拟合效果相对最差的是矮抗 58，决定系数 $R^2$ 约为 0.70。上述结果表明 Faster R - CNN 目标检测网络模型在四个品种上的模型预测小穗数与真实小穗数之间具有一定的线性相关性。

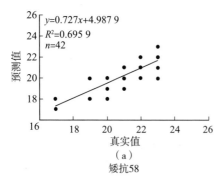

（a）
矮抗58

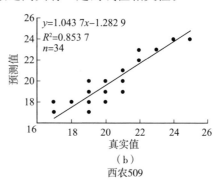

（b）
西农509

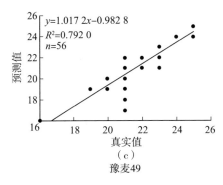
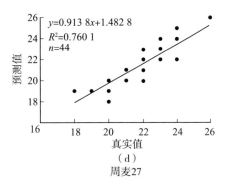

图 3-21　Faster R-CNN 目标检测网络模型在不同品种上的拟合结果

表 3-4 展示了测试集图像上 Faster R-CNN 目标检测网络模型在四个不同品种间的小穗计数效果。从表中可以看出，计数效果相对最好的是西农 509 小麦，$RMSE = 0.86$，$MAE = 0.50$，$Acc = 97.52\%$；效果最差的是矮抗 58，$RMSE = 1.09$，$MAE = 0.76$，$Acc = 96.39\%$。

表 3-4　Faster R-CNN 目标检测网络模型在不同品种上的计数效果

| 品种 | 样本数量（个） | 人工统计小穗数量（个） | 算法统计小穗数量（个） | $R^2$ | $RMSE$ | $MAE$ | $Acc$（%） |
|---|---|---|---|---|---|---|---|
| 矮抗 58 | 42 | 870 | 842 | 0.696 | 1.09 | 0.76 | 96.39 |
| 西农 509 | 32 | 700 | 687 | 0.854 | 0.86 | 0.50 | 97.52 |
| 豫麦 49 | 56 | 1 226 | 1 192 | 0.792 | 1.02 | 0.64 | 97.04 |
| 周麦 27 | 44 | 954 | 937 | 0.760 | 0.87 | 0.61 | 97.20 |

### （三）不同生育期的结果分析

为了检验 Faster R-CNN 目标检测网络模型在开花期、灌浆期和成熟期三个不同生育期上的小穗检测计数性能，对测试集中的图像按照生育期划分，进行人工统计小穗数和算法统计小穗数间的线性回归分析，如图 3-22 所示。可以看出，Faster R-CNN 目标检测网络模型在开花期图像上的预测小穗数与人工统计小穗数之间均具有较为显著的线性相关性，决定系数 $R^2$ 约为 0.94，而灌浆期和成熟期上的表现效果一般。

Faster R-CNN 目标检测网络模型在开花期、灌浆期和成熟期三个不同生育期上的计数表现效果如表 3-5 所示。由表 3-5 可以看出，Faster R-CNN 目标检测网络模型在开花期图像上的计数效果最好，$RMSE$ 为 0.58，$MAE$ 为 0.28，$Acc$ 为 98.74\%。

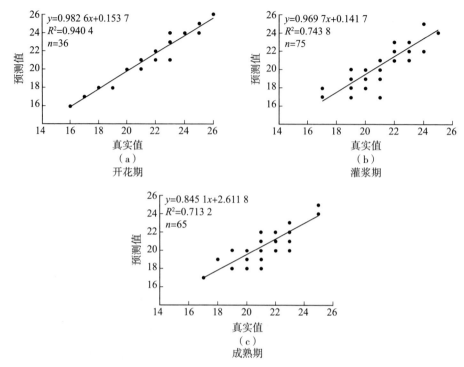

图 3 - 22　Faster R - CNN 目标检测网络模型在不同生育期上的拟合结果

**表 3 - 5　Faster R - CNN 目标检测网络模型在不同生育期上的计数效果**

| 生育期 | 样本数量<br>（个） | 人工统计小穗数量<br>（个） | 算法统计小穗数量<br>（个） | $R^2$ | RMSE | MAE | Acc（%） |
|---|---|---|---|---|---|---|---|
| 开花期 | 36 | 779 | 771 | 0.94 | 0.58 | 0.28 | 98.74 |
| 灌浆期 | 75 | 1 572 | 1 535 | 0.74 | 1.01 | 0.65 | 96.88 |
| 成熟期 | 65 | 1 399 | 1 352 | 0.71 | 1.09 | 0.82 | 96.22 |

## 五、YOLOv5 目标检测网络模型结果分析

### （一）模型参数配置与训练

YOLOv5 目标检测网络模型的训练参数配置如下：选用 YOLOv5s 模型，采用 SGD＋0.937momentum 的优化方法，学习率为 0.01，优化器权重衰减为 0.000 5，轮次设置为 300 轮，$batch - size$ 设置为 16。在本章所述实验环境下花费 12.5 小时左右的时间完成训练，训练过程中的总损失值变化情况如图 3 - 23 所示。

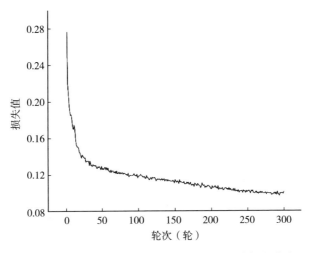

图 3 - 23 YOLOv5 目标检测网络模型的训练损失曲线

### （二）不同品种间的结果分析

为了检验 YOLOv5 目标检测网络模型在矮抗 58、西农 509、豫麦 49 和周麦 27 四个不同小麦品种间的小穗检测计数性能，针对测试集中不同品种间的麦穗图像分别进行人工统计真实小穗数和算法统计预测小穗数。在获得统计结果后，按照不同品种分别进行算法统计小穗数与人工统计小穗数之间的线性拟合，拟合结果如图 3 - 24 所示。从 3 - 24 图可以看出 YOLOv5 目标检测网络模型在四个小麦品种间的拟合结果中，效果最好的是西农 509，决定系数 $R^2 \approx$ 0.96；决定系数最低的是矮抗 58，$R^2 \approx 0.80$。上述结果表明 YOLOv5 目标检测网络模型在不同品种上的小穗数统计结果与人工统计小穗数之间具有显著的线性相关性，反映了 YOLOv5 目标检测网络模型的小穗数统计结果具有较强的可靠性。

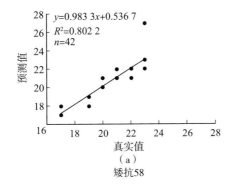

（a）
矮抗58

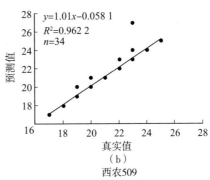

（b）
西农509

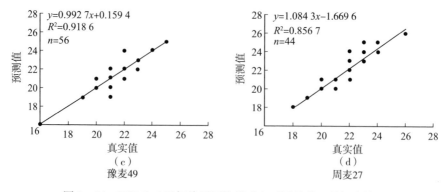

图 3-24　YOLOv5 目标检测网络模型在不同品种上的拟合结果

表 3-6 展示了测试集图像上 YOLOv5 目标检测网络模型在不同品种间的小穗计数的 $Acc$、$MAE$ 和 $RMSE$ 情况。从表 3-6 中可以看出，YOLOv5 目标检测网络模型在四个小麦品种上的 $RMSE$ 最高为 0.79，$MAE$ 最高为 0.34，$Acc$ 均在 98% 以上，说明 YOLOv5 目标检测网络模型在四个不同品种上的计数效果均表现较好，其中效果最好的是西农 509 小麦，$RMSE=0.38$，$MAE$ =0.15，$Acc=99.29\%$。

表 3-6　YOLOv5 目标检测网络模型在不同品种上的计数效果

| 品种 | 样本数量（个） | 人工统计小穗数量（个） | 算法统计小穗数量（个） | $R^2$ | $RMSE$ | $MAE$ | $Acc$（%） |
|---|---|---|---|---|---|---|---|
| 矮抗 58 | 42 | 870 | 878 | 0.80 | 0.79 | 0.33 | 98.38 |
| 西农 509 | 34 | 700 | 705 | 0.96 | 0.38 | 0.15 | 99.29 |
| 豫麦 49 | 56 | 1 226 | 1 226 | 0.92 | 0.46 | 0.14 | 99.33 |
| 周麦 27 | 44 | 954 | 961 | 0.86 | 0.69 | 0.34 | 98.45 |

### （三）不同生育期的结果分析

为了检验 YOLOv5 目标检测网络模型在开花期、灌浆期和成熟期三个不同生育期上的小穗检测计数性能，对测试集中的图像按照生育期划分，进行人工统计小穗数和算法统计小穗数间的线性回归分析，如图 3-25 所示。由图 3-25 可以看出，YOLOv5 目标检测网络模型在开花期、灌浆期和成熟期上的预测小穗数与人工统计小穗数之间均具有显著的线性相关性，其中，开花期上的效果最好，决定系数 $R^2$ 约为 0.98；灌浆期上的效果略差，$R^2$ 约为 0.84。

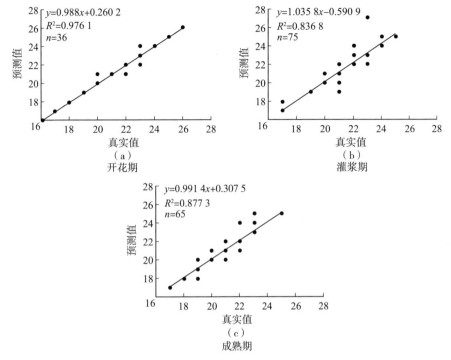

图 3-25　YOLOv5 目标检测网络模型在不同生育期上的拟合结果

YOLOv5 目标检测网络模型在不同生育期上的计数表现效果如表 3-7 所示，在开花期、灌浆期和成熟期三个时期上的小穗计数结果中，*RMSE* 最高为 0.73，*MAE* 最高为 0.29，小穗计数 *Acc* 均为 98％以上，整体表现较好，说明 YOLOv5 目标检测网络模型在开花期、灌浆期和成熟期图像上都有较好的小穗计数效果。

**表 3-7　YOLOv5 目标检测网络模型在不同生育期上的计数效果**

| 生育期 | 样本数量（个） | 人工统计小穗数量（个） | 算法统计小穗数量（个） | $R^2$ | *RMSE* | *MAE* | *Acc*（％） |
|---|---|---|---|---|---|---|---|
| 开花期 | 36 | 779 | 779 | 0.98 | 0.33 | 0.11 | 99.49 |
| 灌浆期 | 75 | 1 572 | 1 584 | 0.84 | 0.73 | 0.29 | 98.62 |
| 成熟期 | 65 | 1 399 | 1 407 | 0.88 | 0.55 | 0.25 | 98.83 |

## 六、测试集泛化性分析

### （一）模型对比分析

为进一步测试模型性能，通过筛选检测计数效果最优的目标检测网络模型开发相关系统并将其应用到实际的农业生产过程中，以解决小麦小穗计数问题。利用测试集上的全部图像（不划分品种和生育期）对 SSD 目标检测网络模型、Faster R－CNN 目标检测网络模型和 YOLOv5 目标检测网络模型三种模型进行泛化性测试，测试结果如表 3－8 所示。从表 3－8 中可以看出，YOLOv5 目标检测网络模型的 $mAP$ 为 0.997，与 SSD 目标检测网络模型和 Faster R－CNN 目标检测网络模型对比，其分别高出 13.4% 和 8.8%。结合表 3－8 中穗尖和穗身两个类别的 $AP$ 结果可知，YOLOv5 目标检测网络模型对于在麦穗上不同位置的小穗均有较好的检测性能，且好于 SSD 目标检测网络模型和 Faster R－CNN 目标检测网络模型。

表 3－8　测试集检测效果对比

| 目标检测网络模型 | 样本数量（个） | AP | | mAP |
| --- | --- | --- | --- | --- |
| | | 穗尖 | 穗身 | |
| SSD | 176 | 0.857 | 0.860 | 0.863 |
| Faster R－CNN | 176 | 0.896 | 0.903 | 0.909 |
| YOLOv5 | 176 | 0.996 | 0.998 | 0.997 |

图 3－26 为三种模型在测试集图像上的算法统计小穗数与人工统计小穗数间的线性回归图。从图 3－26 中可以看出，SSD 目标检测网络模型拟合效果相对较差，$R^2 \approx 0.60$，小穗预测值与真实值之间相差最大的数量为 5 个；Faster R－CNN 目标检测网络模型的拟合效果相对于 SSD 目标检测网络模型较好；YOLOv5 目标检测网络模型的拟合效果相对最好，决定系数 $R^2$ 约为 0.89。

表 3－9 为三种模型在测试集上的计数效果对比，可以发现，SSD 目标检测网络模型的算法统计小穗数虽然接近人工统计的真实值，但其 $R^2$ 偏低，

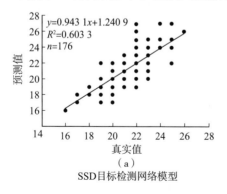

（a）
SSD目标检测网络模型

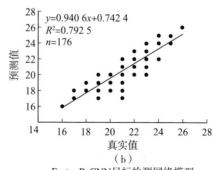

（b）
Faster R-CNN目标检测网络模型

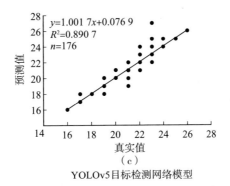

$y=1.001\ 7x+0.076\ 9$
$R^2=0.890\ 7$
$n=176$

（c）
YOLOv5目标检测网络模型

图3-26 三种模型在测试集上的拟合结果

$RMSE$ 为 1.30，$MAE$ 为 0.88，计数的可靠性较差；Faster R-CNN 目标检测网络模型的计数效果相比于 SSD 目标检测网络模型较好；YOLOv5 目标检测网络模型的计数效果相比之下最好，$R^2 \approx 0.89$，$RMSE=0.60$，$MAE=0.24$，$Acc=98.88\%$。

表3-9 三种模型在测试集上的计数效果对比

| 目标检测<br>网络模型 | 样本数量<br>（个） | 人工统计小穗数量<br>（个） | 算法统计小穗数量<br>（个） | $R^2$ | $RMSE$ | $MAE$ | $Acc$<br>（%） |
|---|---|---|---|---|---|---|---|
| SSD | 176 | 3 750 | 3 755 | 0.60 | 1.30 | 0.88 | 95.87 |
| Faster R-CNN | 176 | 3 750 | 3 658 | 0.79 | 0.97 | 0.64 | 97.02 |
| YOLOv5 | 176 | 3 750 | 3 770 | 0.89 | 0.60 | 0.24 | 98.88 |

## （二）检测结果

为了更直观地展示 SSD 目标检测网络模型、Faster R-CNN 目标检测网络模型和 YOLOv5 目标检测网络模型检测效果的差异性，对三种模型在测试集图像上的识别结果进行对比，识别结果如图3-27所示（见彩插）。

由图3-27可以看出，在（a1）至（a3）的对比图中，采用 SSD 目标检测网络模型漏检根部小穗2个，采用 Faster R-CNN 目标检测网络模型漏检根部小穗1个，而 YOLOv5 目标检测网络模型能够正常识别出麦穗底部小穗；在（b1）至（b3）的对比图中，SSD 目标检测网络模型对于麦穗底端小穗的识别结果有较多的冗余框，Faster R-CNN 目标检测网络模型有漏检，而采用 YOLOv5 目标检测网络模型识别正常；从（c1）至（c3）的对比图中可以发现，对于成熟期麦穗的底部小穗，采用 YOLOv5 目标检测网络模型相较于 SSD 目标检测网络模型和 FasterR－CNN 目标检测网络模型也能够有较好的识别结果。

虽然 SSD 目标检测网络模型、Faster R－CNN 目标检测网络模型和 YOLOv5 目标检测网络模型取得了一定的效果，但各个模型或多或少也存在一定的问题。SSD 目标检测网络模型存在如图 3－28 所示（见彩插）的一些问题，主要有以下几点：①当背景图像中的小麦叶片、茎秆等物体与小穗特征相似时，模型会将背景中的物体识别为小穗，造成误检，如图 3－28（a）和图 3－28（c）所示；②对于麦穗顶端粘连较为紧密的小穗，模型会将顶端部位的小穗识别为穗头（Spikes）类的同时也识别为穗身（Spikelets）类，造成重复性的误检或漏检，如图 3－28（b）所示；③当小穗特征不太明显时，模型会存在冗余目标框。

在采用 Faster R－CNN 目标检测网络模型的识别结果中存在的主要问题同采用 SSD 目标检测网络模型的识别结果类似，有两点：一是底端小穗漏检，二是顶端小穗多检或漏检。漏检示例如图 3－29 所示（见彩插），其余问题图片不再赘述。

采用 YOLOv5 目标检测网络模型的识别结果整体较好，但需要特别说明的是，在测试结果中存在一个异常样本，如图 3－30 所示（见彩插）。当拍摄的麦穗图像中存在其他麦穗时，会造成模型检测计数结果偏高，这也导致了在 YOLOv5 目标检测网络模型的相关结果分析中存在一定的偏差。

## 七、YOLOv5s 模型轻量化结果分析

### (一)训练过程

YOLOv5s 模型、YOLOv5s－T 模型和 YOLOv5s－T＋模型在相同的实验环境和参数配置下进行训练，训练过程如图 3－31 所示（见彩插）。从图 3－31 中可以看出，在前 30 轮的轮次中，相比于 YOLOv5s（黑色曲线）模型，YOLOv5s－T（红色曲线）和 YOLOv5s－T＋（蓝色曲线）模型的精确率、召回率、$mAP$ 和 $mAP@0.5\sim0.95$ 均略低于原模型，边框回归损失（$box\_loss$）略高于原模型，分类概率损失（$cls\_loss$）无较大差异，而 YOLOv5s－T＋模型的置信度损失（$obj\_loss$）高出原模型较多，这可能与 YOLOv5s－T＋模型的部分上采样和特征融合模块的减少有关。在之后的训练轮次中，随着模型的逐渐收敛，YOLOv5s－T 模型和 YOLOv5s－T＋模型的精确率、召回率、$mAP$、$mAP@0.5\sim0.95$ 和分类概率损失（$cls\_loss$）参数指标均与 YOLOv5s 模型保持在同一水平附近，总损失值（$loss$）略高于 YOLOv5s 模型。

## （二）结果分析

模型训练完成后，在同一实验环境和参数配置下，利用第 300 轮保存的模型文件在测试集上进行测试评估。表 3－10 为 YOLOv5s 模型、YOLOv5s－T 模型和 YOLOv5s－T＋模型在测试集上的评估结果，每张图片的平均检测时间为测试集 176 张图像检测总时间的均值。从表 3－10 可以看出，YOLOv5s－T 模型的 $mAP$ 和 $mAP@0.5\sim0.95$ 与 YOLOv5s 模型大致相近，每张图片的平均检测时间减少了 1.12ms；而 YOLOv5s－T＋模型虽然在 $mAP$ 和 $mAP@0.5\sim0.95$ 上比原模型略有降低，但检测速度有明显提高，每张图片的平均检测时间减少了 6.24ms。

表 3－10　YOLOv5s 模型、YOLOv5s－T 模型和 YOLOv5s－T＋模型的评估对比

| 模型 | $mAP$ | $mAP@0.5\sim0.95$ | 平均检测速度（ms/张） |
|---|---|---|---|
| YOLOv5s | 0.997 | 0.749 | 32.94 |
| YOLOv5s－T | 0.998 | 0.742 | 31.82 |
| YOLOv5s－T＋ | 0.993 | 0.736 | 26.70 |

表 3－11 为 YOLOv5s 模型、YOLOv5s－T 模型和 YOLOv5s－T＋模型的性能对比，其中，网络层数、参数、GPU 显存占用量和 $FLOPs@640$ 是指模型进行训练时的信息，推理时间为第 300 轮保存的模型文件在测试集 176 张图像上的测试结果，模型大小是指模型训练完成后保存的模型文件大小。从表 3－11 可以看出，在网络层数和参数上，YOLOv5s－T 模型和 YOLOv5s－T＋模型均比 YOLOv5s 模型有所减少；在训练时间上，YOLOv5s－T 模型与原模型相近，YOLOv5s－T＋模型比原模型减少了 0.46h；在推理时间上，YOLOv5s－T 模型比 YOLO5s 模型减少了 0.5ms，YOLOv5s－T＋模型比 YOLO5s 模型减少了 0.7ms；在模型大小上，YOLOv5s－T 模型和 YOLOv5s－T＋模型均比 YOLOv5s 模型减少了 5.3M；在训练过程中的 GPU 显存占用量上，YOLOv5s－T 模型和 YOLOv5s－T＋模型分别比原模型减少了 0.56G 和 1.06G 的显存消耗；在输入尺寸为 $640\times640$ 条件下的 $FLOPs@640$ 上，YOLOv5s－T 模型和 YOLOv5s－T＋模型分别比原模型减少了 4.9B 和 6.1B。

为进一步分析轻量化后模型的实际小穗计数效果，利用测试集图像进行了模型统计小穗数与人工统计小穗数间的线性拟合分析，同时与 YOLOv5s 模型进行对比，拟合结果如图 3－32 所示。从图 3－32 可以看出，相较于改进前的 YOLOv5s 模型，YOLOv5s－T 模型的拟合结果中存在略多的异常点，决定系数 $R^2$ 降低了约 0.04；YOLOv5s－T＋模型的拟合结果与原模型相比，波动较

小，$R^2$ 仅下降了约 $0.01$。

表 3 - 11　YOLOv5s 模型、YOLOv5s - T 模型和 YOLOv5s - T+模型的性能对比

| 模型 | 网络层数（层） | 参数（B） | 训练时间（h） | 推理时间（ms） | 模型大小（M） | GPU 显存占用量（G） | $FLOPs@640$（B） |
|---|---|---|---|---|---|---|---|
| YOLOv5s | 283 | 7 066 239 | 12.386 | 2.5 | 14.4 | 3.98 | 16.4 |
| YOLOv5s - T | 247 | 4 432 447 | 12.340 | 2.0 | 9.1 | 3.42 | 11.5 |
| YOLOv5s - T+ | 189 | 4 482 026 | 11.926 | 1.8 | 9.1 | 2.92 | 10.3 |

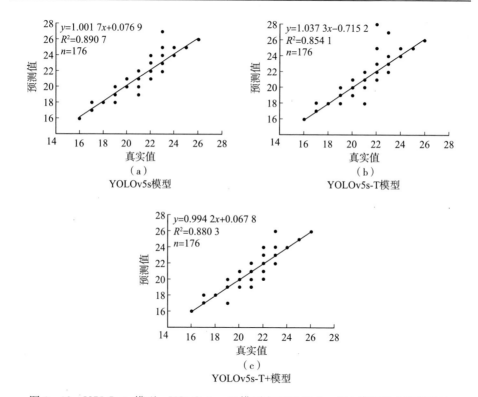

图 3 - 32　YOLOv5s 模型、YOLOv5s - T 模型和 YOLOv5s - T+模型拟合结果对比

表 3 - 12 为 YOLOv5s 模型、YOLOv5s - T 模型和 YOLOv5s - T+模型计数效果对比。从表 3 - 12 可以看出，YOLOv5s - T 模型比 YOLOv5s 模型的 $RMSE$ 高出了 $0.13$、$MAE$ 和 $Acc$ 相近；YOLOv5s - T+模型在各项指标上均与原模型接近，表明改进得到的 YOLOv5s - T 模型和 YOLOv5s - T+模型在小穗计数结果上仍有较高的可靠性和准确性。

表3-12　YOLOv5s模型、YOLOv5s-T模型和YOLOv5s-T+模型计数效果对比

| 模型 | 样本数量（个） | 人工统计小穗数量（个） | 算法统计小穗数量（个） | $R^2$ | RMSE | MAE | Acc（%） |
|---|---|---|---|---|---|---|---|
| YOLOv5s | 176 | 3 750 | 3 770 | 0.89 | 0.60 | 0.24 | 98.88 |
| YOLOv5s-T | 176 | 3 750 | 3 764 | 0.85 | 0.73 | 0.23 | 98.94 |
| YOLOv5s-T+ | 176 | 3 750 | 3 740 | 0.88 | 0.62 | 0.28 | 98.66 |

图3-33（见彩插）展示了YOLOv5s-T模型和YOLOv5s-T+模型在图3-32拟合结果中的异常数据识别结果与YOLOv5s模型识别结果的对比情况。从图3-33可以看出，YOLOv5s-T+模型对麦穗底部的退化小穗识别效果较差，存在漏检现象。而在三种模型的异常识别结果中都存在或多或少的背景麦穗误检，这在一定程度上影响了最终的实际小穗计数结果。

## 第七节　小麦小穗检测计数系统设计与实现

### 一、系统设计

#### （一）功能模块设计

农业信息化的建设对农业发展有着重要意义，本书在实现小麦小穗检测算法的同时，利用YOLOv5目标检测网络模型作为核心算法，设计开发了小麦小穗检测计数系统。根据用户对象的实际需求，按照功能类型对系统进行模块化设计。系统整体由用户管理、小穗检测和数据管理三大模块构成，三大模块当中又有诸多子模块，其中小穗检测是系统最核心的模块，详细的模块设计如图3-34所示。

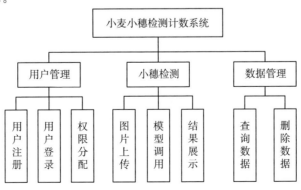

图3-34　系统功能模块

用户管理由用户注册、用户登录和权限分配三个部分组成。主要作用是为用户开辟系统使用通道。权限分配主要对系统中的用户进行身份划分和相应的授权。

小穗检测是系统核心功能的实现，分为图片上传、模型调用和结果展示。用户通过图片上传选择需要检测的图像数据提交至系统，模型调用负责调取模型进而对用户图像进行检测处理，而后系统将小穗识别结果呈现给用户。

数据管理主要有两个功能：查询数据、删除数据。系统在检测上传图像的同时会将检测数据和检测结果参数进行保存，用户在检测完成后可以对这些数据进行查看，也可以删除冗余数据。

### （二）数据库设计

一个良好的系统离不开数据库的支持，本书在开发小麦小穗检测系统的过程中，使用 MySQL 数据库，其中用户信息和数据管理用于满足核心功能的实现，详细设计如表 3 - 13 和表 3 - 14 所示。用户信息主要用来存储与用户信息相关的数据。数据管理的作用是存储用户检测过的图像信息和小穗信息，包括数据编号、图像、图片名、检测日期、小穗数等字段。数据编号字段是区分各条信息的唯一凭证，作为主键使用。

表 3 - 13　用户信息

| 字段名称 | 字段描述 | 字段类型 | 字段大小（个） | 主键 |
| --- | --- | --- | --- | --- |
| id | 用户编号 | INT | | 是 |
| user_name | 用户名 | VARCHAR | 20 | 否 |
| password | 密码 | VARCHAR | 20 | 否 |
| email | 邮箱 | VARCHAR | 20 | 否 |
| mobile | 手机号码 | VARCHAR | 11 | 否 |
| work_organization | 工作机构 | VARCHAR | 128 | 否 |
| user_permissions | 用户权限 | TINYINT | 10 | 否 |
| registration_time | 注册时间 | DATATIME | | 否 |

表 3 - 14　数据管理

| 字段名称 | 字段描述 | 字段类型 | 字段大小（个） | 主键 |
| --- | --- | --- | --- | --- |
| id | 数据编号 | INT | | 是 |
| image | 图像 | VARCHAR | 200 | 否 |

（续）

| 字段名称 | 字段描述 | 字段类型 | 字段大小（个） | 主键 |
|---|---|---|---|---|
| image_name | 图片名 | VARCHAR | 20 | 否 |
| detection_date | 检测日期 | DATATIME | | 否 |
| spikelets | 小穗数 | INT | 64 | 否 |
| remark | 备注 | VARCHAR | 128 | 否 |

## 二、系统总体架构

小穗检测计数系统前端页面的搭建使用 Vue 进行，Vue 是一套重点关注用户视图界面的前端框架，其最主要的特点是数据绑定和组件化开发。在底层实现逻辑上，Vue 依然是基于 HTML 的模板语法，遵循浏览器渲染 HTML 的逻辑来解析页面。不同于 HTML 直接操作 DOM 的实现方法，Vue 开创性地使用声明式的方式，将模板页面编译成虚拟 DOM（VDOM）。Vue 在内部可以智能计算本次用户操作需要渲染多少组件和多少页面，使直接操作 DOM 的次数大大减少。

系统后端使用 Flask 框架搭建，该框架具有轻量、灵活、易扩展的特点，适合小型系统应用的开发构建。Flask 框架中的业务处理函数库可以进行多个 URL 请求的处理，支持多用户操作。Flask 框架中的路由机制通过在定义函数方法的上方加入@app. route（'URL'）来实现。一个函数方法可以响应多个路由机制，当用户访问某个函数对应的路由地址时，系统会调用地址对应的函数方法，执行相应的处理操作并将结果返回。

小穗检测计数系统总体框架流程如图 3 - 35 所示，当用户通过浏览器点

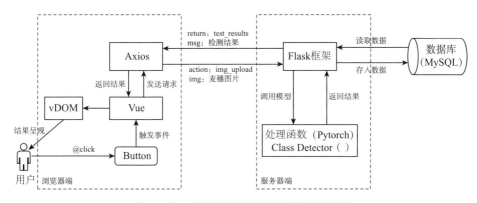

图 3 - 35　小穗检测计数系统总体框架流程

击使用系统中的小穗检测功能时，Vue 前端会将用户上传的图片处理请求事件传递至 Axios。Axios 将上传的麦穗图片信息发送至系统后端，系统后端在收到请求后，根据路由访问 Flask 框架中对应的处理函数，处理函数通过定义 Class Detector（）类来初始化模型并执行相应的小穗检测处理操作，模型处理完毕后将结果返回至 Flask 框架中，检测结果一方面会存入数据库（MySQL），另一方面会通过 Vue 传递至虚拟 DOM（vDOM），而后呈现给用户。

### 三、系统实现

#### （一）用户登录与注册

系统的用户登录界面如图 3 - 36 所示，用户通过输入个人账户信息就可以访问系统，而后可以在系统中进行小穗检测、数据查询等操作。新用户在使用该系统时可以通过点击"立即注册"按钮跳转到系统注册界面。

图 3 - 36　用户登录界面

系统的用户注册界面如图 3 - 37 所示，用户需要填写相关信息，而后得到使用小麦小穗检测计数系统的使用权限。

#### （二）小穗检测功能

小穗检测功能的初始界面如图 3 - 38 所示，主要由两部分组成，界面上半部分为上传麦穗图像和检测结果呈现区域，下半部分为检测到的目标列表，用来展示检测到的小穗信息。

S 欢迎加入小穗计数行列

## 注册

```
人 用户名
```

```
⚿ 密码
```

```
✉ 邮箱
```

```
📱 手机号码
```

```
▤ 工作机构
```

已有账号? 去登录

**注册**

图 3-37　用户注册界面

图 3-38　小穗检测功能初始界面

用户在上传完麦穗图片之后，系统后台通过调用 YOLOv5 目标检测网络模型的算法进行检测处理，之后将检测结果图片返回到前端页面呈现给用户（图3-39），当用户点击检测结果的图片时可以查看检测结果大图（图3-40）。系统右上角会提示用户检测成功，告知用户所上传图像中的小穗数。各个小穗在图像中的详细信息通过检测到的目标列表展示（图3-41），列表中包含了从图像中检测到的小穗总数、目标类别、目标大小和置信度，用户可将该信息结合检测结果图进行小穗的统计分析。用户查看完检测结果的信息后，可以通过点击"重新选择图像"按钮进行新的图像数据检测。

图3-39　小穗检测结果呈现

图3-40　小穗检测结果大图

图 3-41 检测到的目标列表

## （三）数据管理界面

数据管理界面如图 3-42 所示，用户通过数据管理界面可以查看以往的麦穗图像检测记录结果，每条记录包含了检测结果的图像、图片名、检测日期、小穗数和备注等信息，方便用户进行数据管理。此外，对于错误、冗余的数据记录，用户可以通过删除按钮进行清除。

图 3-42 数据管理界面

## 第八节 小 结

小麦作为我国重要的粮食作物，其生长阶段的各项信息为小麦田间管理和产量的早期预测提供了重要依据，而小穗数作为小麦穗重要的特征参数之一，对于小麦育种和估产都有着重要的意义。为解决大田环境下小麦小穗难以计数的问题，本章以四个小麦品种在三个不同生育期的小麦麦穗图像为研究对象，基于深度学习技术中的目标检测网络模型实现了小麦小穗检测计数，并开发了小麦小穗检测计数系统。

采集了矮抗 58、西农 509、豫麦 49 和周麦 27 四个小麦品种在开花期、灌浆期和成熟期三个不同生长阶段的麦穗图像。针对采集到的麦穗图像，使用数据标注工具进行了 37 341 个小穗的标注，构建了一个小麦小穗数据集。基于 SSD 目标检测网络模型、Faster R－CNN 目标检测网络模型和 YOLOv5 目标检测网络模型三种模型实现了大田环境下的小麦小穗计数，并进行了测试评估。针对测试集图像按照品种划分进行测试时，三种模型的计数效果均较为稳定；针对测试集图像按照生育期划分进行测试时，三种模型均呈现出开花期图像上的小穗计数效果最好，在灌浆期、成熟期图像上的计数效果相对较差的趋势，反映出了小麦小穗在生长过程中的多变性和复杂性。在测试集上的实验结果表明，YOLOv5 目标检测网络模型的小穗检测计数效果最好，可以有效地进行小麦小穗检测计数任务。在 YOLOv5 目标检测网络模型取得较好计数效果的基础上，为进一步提高模型的应用价值，方便模型部署到算力较低的平台设备当中，对 YOLOv5 目标检测网络模型中的 YOLOv5s 模型进行了轻量化改进，提出了 YOLOv5s－T 模型和 YOLOv5s－T＋模型。实验结果表明，YOLOv5s－T＋模型的算法在保持较高检测计数精度的同时，模型大小和硬件资源需求明显下降，表明该方法能够实现小麦小穗检测计数任务，可以为大田小麦产量估算提供思路和方法。

以 YOLOv5 目标检测网络模型作为系统核心算法，使用 Vue 和 Flask 框架分别搭建了系统前、后端，使用数据库（MySQL）进行数据的存储，设计实现了小麦小穗检测计数系统。该系统能够快速完成麦穗图像中小穗的检测和计数，可以为小麦田间早期产量预测过程中的小穗计数工作提供一定的帮助，为深度学习在农业中的应用提供思路。

# 第四章 小麦麦穗赤霉病检测和发生程度分级

随着信息技术的发展和农业现代化的推进，大数据和人工智能等技术逐渐进入农业领域，机器学习、深度学习等技术在农作物病害识别方面得到了广泛使用，成为研究的热点并取得了一定的研究成果。通过结合人工智能技术和图像处理方法实现对农作物病害的识别，可为农作物病害的检测与防治提供有力支持。本章从大田环境下的小麦麦穗赤霉病图像的数据采集、复杂背景下的小目标和密集目标检测以及轻量化部署等方面进行介绍，重点介绍识别率更高、更轻量化的深度学习模型构建探索。

## 第一节 小麦麦穗赤霉病数据集构建

### 一、数据采集

本章使用的数据采集于美国堪萨斯州 Rocky Ford 小麦麦穗赤霉病试验基地，采集时间为 2022 年 6 月，拍摄时采用智能手机进行拍摄，拍摄方式为俯拍，以便采集到不同地块不同小麦品种群体病害状况。Rocky Ford 小麦麦穗赤霉病试验田共种植 Clark、Jagger、Overley、Everest 四个冬小麦品种作为试验材料。Overley 是高度易感的，Clark 是中度易感的，Jagger 是中度抗性的，Everest 是抗性的。试验田采用随机完全区组设计，在 1 米长的单行地块上，每行播种约 30 粒种子。试验田采用浸染禾粒 F. graminearum 菌株 GZ3639 的麦粒在土壤表面分散接种两次，第一次接种于孕穗期前，第二次接种于孕穗期后两周。在小麦开花期和乳熟期之间，试验田内每天晚上七点至第二天早上六点期间，使用顶置冲击式洒水系统每小时雾化三分钟，以促进小麦麦穗赤霉病感染。共采集图像 370 张，对其中 231 张图像进行数据增强处理得到 1 386 张图像，增强方法包括旋转、亮度增强和缩放等方式，图像示例如图 4-1 所示（见彩插），图中（a）为原图，（b）是原图经过翻转得到的，（c）是原图经过亮度增强方式得到的，（d）是原图经过缩放得到的，剩余 139 张原图用于测试模型对赤霉病病穗的计数效果。

## 二、数据标注和划分

在训练模型之前需要使用 LabelImg 进行标注，在标注麦穗数据集时，将图像中的健康麦穗定义为 health，将图像中的病穗定义为 disease。在标注完成后，需要将 XML 文件再转化为 TXT 格式。标注结果如图 4-2 所示（见彩插）。

将增强后的图像按照 9∶1 的比例随机划分为训练集和验证集，得到 1 247 张训练集图像，139 张验证集图像，剩余 139 张原始图像作为测试集。其中训练集用于小麦麦穗赤霉病检测模型训练，验证集用于评估改进模型的性能，测试集用于测试模型对病穗的计数效果，同时也用于预测小麦麦穗赤霉病发生程度。

## 第二节 YOLOv8s 算法轻量化改进

### 一、C-FasterNet 模块

C-FasterNet 模块是基于 FasterNet 提出的模块。FasterNet 是 2023 年提出的一种新的快速神经网络。网络中 PConv（部分卷积）的设计利用了特征图中的冗余性，只对部分输入通道进行常规卷积而使其他通道保持不变。对于连续或常规内存访问，将第一个或最后一个连续通道视为整个特征图的代表进行计算。图 4-3 显示了 PConv 的工作原理。

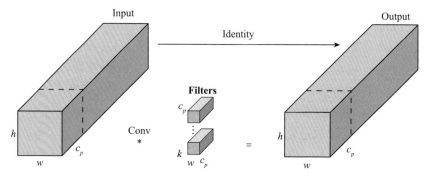

图 4-3　PConv 工作原理

图 4-4 显示了 FasterNet 的整体结构，它由四个阶段组成。每个阶段前

都有一个嵌入阶段（步长为 4 的常规卷积 Conv 4×4）或合并阶段（步长为 2 的常规卷积 Conv 2×2），用于空间降采样和通道数扩展。每个阶段都有一堆 FasterNet Block，最后两个阶段的模块消耗的内存访问更少，而 *FLOPs* 却更高。因此，最后两个阶段放置了更多的 FasterNet Block，而相应地更多的计算被分配到这些阶段。最后三层包括 Global Pool（全局平均池化）、Conv 1×1 和 FC（用于特征转换和分类的全连接层）。

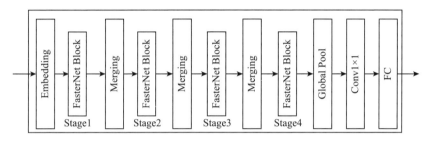

图 4 - 4　FasterNet 网络结构

在本章中，通过将 C3 模块中的 BottleNeck 替换为 FasterNet，提出了 C-FasterNet 模块，它由三个标准卷积层和多个 FasterNet 组成，其结构如图 4 - 5 所示。C - FasterNet 模块是对残差特征进行学习的主要模块。它的结构有两个分支：一个分支使用多个 FasterNet 和一个标准卷积层堆叠而成，另一个分支只使用一个标准卷积。然后，该模型要对这两个分支进行 Concat 操作。C - FasterNet 模块用于 YOLOv8s 算法的网络特征提取，在有效提取空间特征的同时减少了冗余计算和内存访问次数。

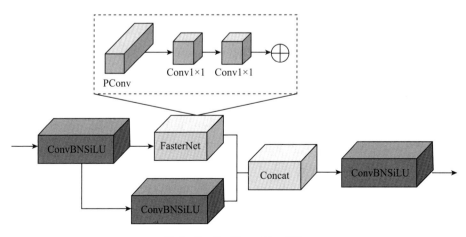

图 4 - 5　C - FasterNet 模块

## 二、GhostConv 的轻量化卷积

GhostNet 是华为团队提出的一种轻量级 CNN 网络。其核心组件 Ghost 模块（下文称为 GhostConv）通过原始卷积生成部分特征图，其余部分则通过廉价操作生成。这种廉价操作可以是剩余特征图的线性变换，也可以是在原始卷积的输出上通过深度卷积生成的类似特征图。GhostConv 的结构如图 4 - 6 所示，其中 C1 和 C2 分别代表输入通道和输出通道。输出特征图的一半来自一次常规卷积，另一半则是在第一次卷积的结果上进行深度卷积生成的。使用深度卷积有助于拓宽生成的特征图的感受野，增强其中包含的整体信息，之后通过 Concat 操作将两部分特征图拼接成完整的特征图。与原始卷积层相比，GhostConv 以更低的复杂度实现了相同甚至更高效的特征提取。

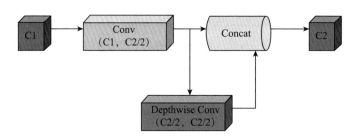

图 4 - 6　GhostConv 结构

本书采用 GhostConv 代替 YOLOv8s 算法中的普通卷积模块，旨在减小模型大小并快速高效地提取目标特征。

## 三、损失函数 *Focal CIoU* 改进

在目标检测中，阳性样本和阴性样本之间往往存在严重的不平衡。然而 YOLOv8 模型的默认损失函数（*CIoU*）对所有样本一视同仁，并不能有效解决这一问题。因此模型会过度关注与真实值重叠较少的预测框，从而导致模型性能下降。为了解决这个问题，引入了 *Focal CIoU* 损失函数。该函数根据 $IoU$ 重置 $L_{CIoU}$ 中的权重，从而增加 $L_{CIoU}$ 中正向样本的贡献。$IoU$ 衡量的是预测边界框（$A$）与真实边界框（$B$）之间的重叠程度。$L_{Focal\,CIoU}$ 的计算公式如公式（4 - 1）所示。

$$L_{Focal\,CIoU} = IoU^{\gamma} L_{CIoU} \qquad 公式（4 - 1）$$

$IoU$ 表示交并比，参数 $\gamma$ 决定异常值抑制程度，$L_{CIoU}$ 代表 $CIoU$ 损失。$\gamma$ 的

默认值为 0.5。$IoU$ 和 $CIoU$ 的计算公式如公式（4-2）、公式（4-3）所示。

$$IoU = \frac{|A \bigcap B|}{|A \bigcup B|} \qquad 公式（4-2）$$

$$CIoU = 1 - IoU + \frac{\rho^2(b, b^{gt})}{c^2} + \alpha v \qquad 公式（4-3）$$

其中，$b$ 和 $b^{gt}$ 分别表示预测边界框和真实边界框的中心；$\rho$ 表示两个中心之间的欧式距离；$c$ 表示包含预测边界框和真实边界框的最小闭合矩形的对角线长度；$v$ 用于量化长宽比的一致性；$\alpha$ 是一个权重参数。$v$ 和 $\alpha$ 的计算公式如公式（4-4）、公式（4-5）所示。

$$v = \frac{4}{\pi^2}\left(\arctan\frac{w^{gt}}{h^{gt}} - \arctan\frac{w}{h}\right) \qquad 公式（4-4）$$

$$\alpha = \frac{v}{1 - IoU + v} \qquad 公式（4-5）$$

其中，$w^{gt}$ 和 $h^{gt}$ 分别表示真实边界框的宽度和高度，$w$ 和 $h$ 分别表示预测边界框的宽度和高度。

## 四、目标检测头（Detection Head）改进

YOLOv8 模型中的目标检测头（Detection Head）负责预测图像中目标的位置和类别。通常包含三个目标检测头，每个目标检测头负责检测不同尺寸范围的目标，使模型可以同时检测多个尺寸的目标，从而提高检测的效率和准确性。小尺寸目标检测头负责检测图像中相对较小的目标，由于小尺寸目标在图像中通常具有较少的像素和较低的分辨率，所以需要特定的网络层来准确检测。小尺寸目标检测头通常具有更高的分辨率和更深的网络层，以便更精细地提取目标的特征并进行准确的预测。中尺寸目标检测头负责检测图像中尺寸适中的目标，旨在平衡检测速度和准确性，因为中等大小的目标通常占据了图像的大部分区域，所以需要适当的分辨率和网络深度来进行有效的检测。大尺寸目标检测头用于检测图像中较大的目标，通常具有较低的分辨率和较浅的网络层，以提高模型的推理速度并降低计算成本。

YOLOv8 模型的目标检测头结构如图 4-7 所示。

由于本书中要检测的目标麦穗大小比较固定，目标区域的像素点较少，分辨率较低，判断大目标检测头作用不大。在经过实际验证后，发现去除大目标检测头后对模型精度影响不大，因此决定去除模型中的大目标检测头，降低模型参数量和计算量，方便模型轻量化部署。

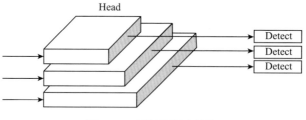

图 4-7　目标检测头结构

## 五、YOLOv8s-CGF 模型

由于 FasterNet 可以有效减少模型计算冗余和内存访问次数，在不影响精度的情况下提高模型速度，因此本书提出了基于 FasterNet 的 C-FasterNet 模块。它作为 YOLOv8s 算法的主干网络中主要特征学习的模块，可以在减少参数量和计算量的同时提高模型检测速度而不影响其准确性。GhostConv 可以通过廉价的操作生成更多的特征图，充分展现特征信息。因此，将主干网络中的 Conv 替换为 GhostConv 可以减少模型大小，同时在一定程度上提高模型识别准确率。将损失函数 *CIoU* 替换为 *Focal CIoU* 来降低模型损失，加快模型收敛。将网络中的大目标检测头移除，在不影响模型精度的前提下进一步减少模型参数量和计算量。YOLOv8s-CGF 模型的结构如图 4-8 所示。

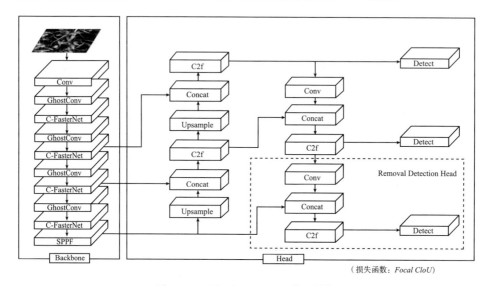

（损失函数：*Focal CloU*）

图 4-8　YOLOv8s-CGF 模型结构

## 第三节／模型结果分析

### 一、模型消融实验

为了分析和验证改进后的轻量级网络模型，设计了八组消融实验，具体实验结果如表 4 - 1 所示：

表 4 - 1　消融实验结果

| 实验次数 | C - FasterNet 模块 | Ghost - Conv | 损失函数 Focal CIoU | 目标检测头 | 参数量 ($\times 10^6$ M) | 计算量 (Gflops) | 模型权重 (MB) | mAP@0.5 (%) | mAP@0.5~0.95 (%) |
|---|---|---|---|---|---|---|---|---|---|
| 1 | × | × | × | × | 11.1 | 28.4 | 22.5 | 99.489 | 92.515 |
| 2 | √ | × | × | × | 10.1 | 25.8 | 20.5 | 99.486 | 92.115 |
| 3 | × | √ | × | × | 10.4 | 26.6 | 21.0 | 99.500 | 92.722 |
| 4 | × | × | √ | × | 11.1 | 28.4 | 22.5 | 99.491 | 92.526 |
| 5 | × | × | × | √ | 7.5 | 25.5 | 15.2 | 99.492 | 92.079 |
| 6 | √ | √ | × | × | 9.4 | 24.1 | 18.1 | 99.495 | 92.931 |
| 7 | √ | × | × | √ | 6.5 | 22.9 | 13.2 | 99.488 | 92.210 |
| 8 | √ | √ | √ | √ | 5.7 | 21.1 | 11.7 | 99.492 | 92.784 |

根据表中的消融实验结果可以看出，使用 C - FasterNet 模块替代模型主干网络中的 C2f 模块，减少了模型的参数量和计算量，也减小了模型权重，而 mAP@0.5 基本保持不变。分析原因在于 C - FasterNet 模块利用 FasterNet，减少了内存访问次数和模型的计算冗余，并具有更高的 FLOPs，从而减少了模型中的参数量，提高了模型计算速度，并在轻量化的同时保证了高识别准确率。此外，从消融实验中可以看出，替换 GhostConv 后，模型参数量和计算量进一步减少，mAP@0.5 略有提高。分析原因是 GhostConv 可以通过廉价操作生成更多的特征图，在一组固有特征图的基础上，应用一系列线性变换，以较低的成本生成更多的特征图，充分揭示内在特征的信息。引入损失函数 Focal CIoU 后，模型中的参数量和计算量没有变化，且 mAP@0.5 基本保持不变。而将网络中的大目标检测头移除，可以进一步减少模型参数量和模型权重大小。

图 4 - 9（见彩插）显示了模型在训练过程中的损失变化，表明损失函数 Focal CIoU 可以获得比 CIoU 更小的损失值，模型收敛速度也更快。结合消融实验，本书提出的 YOLOv8s - CGF 模型保证了小麦麦穗赤霉病识别的高精

度，实现了轻量化的目标。

## 二、不同模型对比结果和分析

为了评估改进后的轻量化网络模型与其他算法模型的性能，并探索本书改进算法的优越性，我们选择 YOLO 系列中的其他目标检测算法，如 YOLOv5s 模型、YOLOv6s 模型和 YOLOv7 - tiny 模型等 YOLO 其他系列目标检测算法进行对比实验。图 4 - 10（见彩插）描述了每个模型在训练数据集上的 $mAP@0.5$ 变化曲线。

从图 4 - 10 中可以看出，在训练的早期阶段，$mAP$ 快速提高，然后在 10～60 轮之间会出现波动，但总体趋势向上。在 80 轮后，$mAP$ 逐渐趋于稳定，其中 YOLOv8s - CGF 模型的 $mAP$ 最高。各个模型的性能比较见表 4 - 2。

表 4 - 2　不同模型对比结果

| 模型名称 | 参数量<br>（$\times 10^6$M） | 计算量<br>（Gflops） | 模型权重<br>（MB） | 精确率 | 召回率 | $mAP@0.5$<br>（%） | $mAP@0.5\sim$<br>0.95（%） |
|---|---|---|---|---|---|---|---|
| YOLOv5s | 7.0 | 15.8 | 14.4 | 0.992 | 0.985 | 0.994 | 0.841 |
| YOLOv6s | 16.3 | 44.0 | 32.8 | 0.978 | 0.980 | 0.993 | 0.875 |
| YOLOv7 - tiny | 6.0 | 13.2 | 12.3 | 0.995 | 0.927 | 0.977 | 0.708 |
| YOLOv8s | 11.1 | 28.4 | 22.5 | 0.994 | 0.997 | 0.995 | 0.925 |
| YOLOv8s - CGF | 5.7 | 21.1 | 11.7 | 0.996 | 0.996 | 0.995 | 0.928 |

根据表 4 - 2 中的实验结果，可以看出 YOLOv7 - tiny 模型的 $mAP$ 最低。这是因为 YOLOv7 - tiny 模型的参数量较少，计算量也较小，阻碍了模型实现更高的检测精度。YOLOv6s 模型的参数量最多、计算量最大且模型权重最大，不符合轻量化的要求。虽然 YOLOv5s 模型以较少的参数量和计算量获得较好的精确率，但其精确率、召回率、$mAP@0.5$ 和 $mAP@0.5\sim0.95$ 与 YOLOv8s 模型相比略低。本书提出的 YOLOv8s - CGF 模型参数量最少，生成的模型权重最小，精确率、召回率、$mAP@0.5$ 和 $mAP@0.5\sim0.95$ 最高。该模型在保证轻量化的同时，拥有最高的精确率，能满足实时检测的要求。不同模型在小麦麦穗赤霉病上的识别结果如图 4 - 11 所示（见彩插）。

进一步分析轻量化改进模型性能，将 MobileNet、GhostNet、ShuffleNet 等轻量化模型作为 YOLOv8s 算法的主干网络，与 YOLOv8s - CGF 模型进行对比试验，结果如表 4 - 3 所示。

表4-3 模型对比结果

| 模型名称 | 参数量<br>($\times10^6$M) | 计算量<br>(Gflops) | 模型权重<br>(MB) | 精确率 | 召回率 | mAP@0.5<br>(%) |
|---|---|---|---|---|---|---|
| MobileNetv3 | 6.7 | 16.7 | 13.8 | 0.980 | 0.976 | 0.993 |
| GhostNetv2 | 8.2 | 19.2 | 17.1 | 0.991 | 0.987 | 0.995 |
| ShuffleNetv2 | 5.9 | 16.0 | 12.1 | 0.970 | 0.960 | 0.990 |
| EfficientNet | 6.5 | 17.4 | 12.7 | 0.987 | 0.989 | 0.994 |
| YOLOv8s-CGF | 5.7 | 21.1 | 11.7 | 0.996 | 0.996 | 0.995 |

从表4-3中可以看出，YOLOv8s-CGF模型相比于其他轻量化模型，计算量相对较高，但参数量和模型权重均为最低，精确率、召回率和mAP@0.5最高，表明改进YOLOv8s-CGF模型能满足对小麦麦穗赤霉病的实时检测。各模型的mAP@0.5变化如图4-12（见彩插）所示。

## 三、统计分析试验

为了从统计学角度分析改进后模型的性能改善是否由偶然因素引起，使用不同的随机种子对改进前后的模型进行了十组试验。使用配对样本$T$检验来分析模型的六个性能指标，结果如表4-4所示。

表4-4 统计测试

| 检验指标 | 参数量<br>($\times10^6$M) | 计算量<br>(Gflops) | 模型权重<br>(MB) | 精确率 | 召回率 | mAP@0.5~0.95<br>(%) |
|---|---|---|---|---|---|---|
| $T$ | — | — | — | -3.122 | 1.309 | -3.444 |
| $P$ | 0.000 | 0.000 | 0.000 | 0.012 | 0.222 | 0.007 |

从表4-4中可以看出，在精确率指标上组间差异显著（$P<0.05$），因此认为改进方法对精确率有显著影响（即显著提高模型的精确率）；在召回率指标上组间差异不显著（$P>0.05$），因此认为改进方法对召回率无显著影响（即不能显著提高模型的召回率）；在mAP@0.5~0.95指标上组间差异显著（$P<0.05$），因此认为改进方法对mAP@0.5~0.95有显著影响（即显著提高模型的mAP@0.5~0.95）。由于模型改进之前与模型改进之后其参数量、计算量和模型权重是固定的，且改进后模型的参数量、计算量和模型权重较原模型有显著降低，所以认为改进后模型在这三个指标上具有显著性。综上所述，改进模型在五个指标上均存在显著差异，说明本书提出的改进方法能显著提升模型性能。

### 四、小麦麦穗赤霉病计数结果和分析

为验证 YOLOv8s - CGF 模型对小麦病穗和健康穗的计数性能,对测试集的 139 张图像进行人工真实统计数与模型预测数间的线性回归分析。从图 4 - 13 中可以看出,YOLOv8s - CGF 模型与原 YOLOv8s 模型预测病穗数的值分布较均匀,从 $R^2$ 来看,YOLOv8s - CGF 模型的 $R^2$ 比原模型高 0.011,说明 YOLOv8s - CGF 模型对小麦麦穗赤霉病病穗的计数性能略优于原 YOLOv8s 模型。

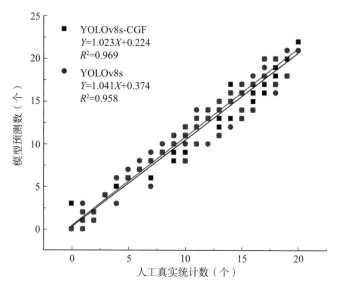

图 4 - 13　YOLOv8s 模型改进前后的病穗拟合结果

表 4 - 5 是 YOLOv8s 模型改进前后的病穗计数结果评价指标对比。从表 4 - 5 中可以看出,YOLOv8s - CGF 模型在病穗计数上的 $RMSE$ 为 1.18,比原 YOLOv8s 模型低 0.35;$MAE$ 为 0.97,比原 YOLOv8s 模型低 0.34。以上结果说明本书提出的 YOLOv8s - CGF 模型在小麦麦穗赤霉病病穗计数结果方面优于原 YOLOv8s 模型。

表 4 - 5　病穗计数结果对比

| 模型 | $R^2$ | $RMSE$ | $MAE$ |
| --- | --- | --- | --- |
| YOLOv8s | 0.958 | 1.53 | 1.31 |
| YOLOv8s - CGF | 0.969 | 1.18 | 0.97 |

　　图 4-14 是 YOLOv8s-CGF 模型和原 YOLOv8s 模型在测试集上预测的健康麦穗计数预测值与人工统计健康麦穗数真实值的拟合结果。从图中可以看出，YOLOv8s-CGF 模型在健康麦穗计数方面的拟合结果优于原模型，且 YOLOv8s-CGF 模型的决定系数 $R^2$ 比原 YOLOv8s 模型高 0.007，表明 YOLOv8s-CGF 模型在单幅图像上的健康麦穗计数预测值与人工统计健康麦穗数真实值之间具有显著的线性相关。

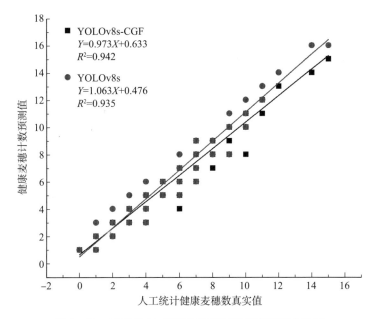

图 4-14　YOLOv8s 模型改进前后的健康穗拟合结果

　　表 4-6 是 YOLOv8s 模型改进前后的健康麦穗计数结果评价指标对比。从表 4-6 中可以看出，YOLOv8s-CGF 模型在健康麦穗计数上的 $RMSE$ 为 0.87，比原 YOLOv8s 模型低 0.27；$MAE$ 为 0.71，比原 YOLOv8s 模型低 0.24。上述结果说明本书提出的 YOLOv8s-CGF 模型在小麦健康麦穗计数结果方面优于原 YOLOv8s 模型。

表 4-6　健康麦穗计数结果对比

| 模型 | $R^2$ | $RMSE$ | $MAE$ |
|---|---|---|---|
| YOLOv8s | 0.935 | 1.14 | 0.95 |
| YOLOv8s-CGF | 0.942 | 0.87 | 0.71 |

综合结果表明，YOLOv8s-CGF 模型在小麦麦穗赤霉病计数上有较好的结果，可实现田间环境下小麦麦穗赤霉病的快速准确检测和计数。

### 五、小麦麦穗赤霉病发生程度预测结果

在编号为 GB/T 15796—2011 的《小麦赤霉病测报技术规范》中提及的小麦赤霉病有病穗率（群体）、病小穗率（单个麦穗）等指标，为了区分，本书中用小麦麦穗赤霉病涵盖小麦赤霉病群体病穗率与发生程度。病穗率是指发病的小麦穗数占调查总穗数的比率。发生程度划分为 5 级，即轻发生（1 级）、偏轻发生（2 级）、中等发生（3 级）、偏重发生（4 级）、大发生（5 级），各级指标见表 4-7，其中 $X$ 为病穗率。

**表 4-7　小麦麦穗赤霉病发生程度分级指标**

| 指标 | 1 级 | 2 级 | 3 级 | 4 级 | 5 级 |
|------|------|------|------|------|------|
| 病穗率 | 0.1%<$X$≤10% | 10%<$X$≤20% | 20%<$X$≤30% | 30%<$X$≤40% | $X$>40% |

根据 YOLOv8s-CGF 模型在 139 张测试集图像上的计数结果进行小麦麦穗赤霉病发生程度分级，结果如表 4-8 所示。

**表 4-8　小麦麦穗赤霉病发生程度分级预测结果**

| 发生程度 | 1 级 | 2 级 | 3 级 | 4 级 | 5 级 |
|----------|------|------|------|------|------|
| 数量 | 11 | 5 | 7 | 6 | 110 |

从表 4-8 中可以看出，在测试集的 139 张小麦麦穗赤霉病图像中，小麦赤霉病发生程度为 1 级的有 11 个，发生程度为 2 级的有 5 个，发生程度为 3 级的有 7 个，发生程度为 4 级的有 6 个，发生程度为 5 级的有 110 个。发病程度主要集中在 5 级，分析其原因可知，一是由于该试验田通过顶置冲击式洒水系统喷洒赤霉病菌孢子的方式来促进小麦赤霉病感染，一共接种两次，从而致使小麦麦穗赤霉病的发生较为彻底；二是由于数据集的拍摄时间为 6 月份，从而导致小麦麦穗赤霉病严重程度加剧。

第四节　小　　结

本章针对传统模型的参数量大、计算量大、资源要求高，难以部署于移动

设备等问题，提出了一种轻量化改进方法，便于模型在移动终端的快速部署，并提高小麦麦穗赤霉病的识别效率。首先使用 C - FasterNet 模块作为 YOLOv8s 模型的特征提取模块；其次将主干网络的 Conv 替换为 GhostConv，减少模型的参数量和计算量；然后将模型的大目标检测头移除，进一步降低模型的参数量和计算量；最后引入损失函数 $Focal\ CIoU$ 来减少样本不平衡对检测结果的影响，加快模型的收敛速度。通过模型消融实验和不同模型对比实验，验证了改进算法的可行性，使用配对样本 $T$ 检验方法检验改进模型的性能改善是否由偶然因素引起。结果表明 YOLOv8s - CGF 模型的参数量、计算量和模型权重均显著降低，$mAP@0.5$ 为 99.492%。且在模型计数方面，YOLOv8s - CGF 模型在小麦麦穗赤霉病病穗和健康穗计数方面均优于原 YOLOv8s 模型，可实现田间环境下小麦麦穗赤霉病发生程度的快速准确检测，以及方便模型在移动端部署。

# 第五章 玉米病害识别

　　我国人口众多，2023 年我国人均耕地面积仅约 1.36 亩。农产品的产量和质量关乎全国人民的温饱和社会的稳定。玉米作为我国北方的重要经济作物，它易受多种病害的侵害，其中灰斑病、锈病和叶枯病是玉米常见的几种病害。这些病害破坏叶片进行光合作用，影响玉米生长，降低玉米产量。早期诊断和预防是解决这类病害、提高作物产量的重要办法。传统的通过视觉检测的方法不能满足大规模种植管理的需要，而且病害诊断效率低，往往错过了最佳防治期。除此之外，烦琐的连续监测很容易出现人为的错判。机器学习中的特征提取和模式识别有助于自动化识别病害类型和病害严重程度。目前基于深度学习的病害研究涉及各种作物，深度学习技术在植物病害识别中的应用已成为该领域的主要研究课题。尽管深度学习模型能够自动地学习特征，且具有较高的识别精度，但随着研究的深入，深度学习仍存在局限性，如模型复杂度高、缺乏反馈机制、有关植物病害的公共数据集不足等。深度学习在面对真实大田复杂背景图像时，其泛化能力弱，不能满足实际任务需要。为提高识别准确率，研究人员通常通过比较不同的训练和测试数据集比例和网络模型架构来找到最佳的解决方案。然而，这些易感图像与真实场景的复杂性仍存在差距。

　　为解决增加和调整网络结构所带来的网络参数增加、模型收敛速度缓慢、调参困难、加重工作负担和硬件负担等问题，本书基于深度学习提出一种 BN 归一化与全局池化相结合的多尺度卷积网络模型，利用大田数据集和公共数据集，以玉米常见灰斑病、锈病、叶枯病和健康叶片为研究样本，该模型在保证参数量较少的情况下具有较高的识别准确率和较强的泛化能力。模型可以根据疾病的特点快速、准确地区分疾病的类型，及时采取针对性的疾病预防战略，防止疾病进一步传播。该模型能够更加客观、快速、准确地识别和诊断玉米作物的病情，可为我国大规模作物病害的快速检测和防治提供技术支撑。

研究内容与数据集构建

## 一、研究内容与技术路线

本书以玉米叶片常见的灰斑病、锈病、叶枯病和健康叶片为主要研究对象，提出一种基于 VGG - 16 模型的改进多尺度卷积网络模型。用一个叠加卷积层替换 VGG - 16 模型的最后 3×3×512 卷积层，并进行 BN 归一化处理，提高模型学习率。改进多尺度卷积网络模型抛弃参数量大的全连接层，选用全局池化层，大大减少模型参数总量。本章研究不同数据源、不同图像数据分辨率对模型训练结果的影响，并与传统卷积神经网络模型（AlexNet、VGG - 16 模型、ResNet - 50、Inception - V3 模块和 DenseNet - 201）作对比，最后利用大田复杂背景下的玉米图像验证模型的泛化能力。

本章的主要研究内容如下：

研究不同分辨率对模型识别准确率的影响：公共数据集中的四种原始玉米图像数据记为数据集①，通过旋转、平移等几何变换将健康叶片、叶枯病叶片、灰斑病叶片和普通锈病叶片分别扩充至 4 000 张作为数据集②。对数据集②进行分辨率转换，从原来 256×256 的分辨率分别转换为 128×128 的分辨率和 64×64 的分辨率。在三种分辨率下利用 Python 中的 *Sklean* 函数分别随机选取 80% 作为训练集、10% 作为验证集和 10% 作为测试集，进而对改进的多尺度卷积神经网络模型进行训练和测试。

研究不同数据源对模型识别准确率的影响：随机选取数据集②中的四种玉米图像各 2 000 张，加入经过图像预处理的大田数据（包括四种玉米图像各 2 000 张），进行两次扩充得到数据集③，并根据试验选取合适分辨率。利用 Python 中的 *Sklean* 函数选取数据集③中的 80% 作为训练集、10% 作为验证集、10% 作为测试集，进而对改进的多尺度卷积神经网络模型进行训练和测试，并与数据集①和数据集②的训练准确率进行对比分析。

多种神经网络模型性能对比：用数据集③分别对传统的卷积神经网络模型（AlexNet、VGG - 16 模型、ResNet - 50、Inception - V3 模块和 DenseNet - 201）进行训练和测试，并与改进的多尺度卷积网络模型进行对比分析。对比内容包括各个模型的卷积核大小、参数量、所占内存大小、平均识别准确率和识别速率。

研究改进卷积神经网络的泛化能力：为了验证模型的泛化能力，使其能更好地应用于复杂背景下的大田玉米图像识别，我们使用数据集④对训练好的改进多尺度卷积模型进行准确率测试。数据集④包含未经过背景分割的大田玉米健康、灰斑病、普通锈病和叶枯病叶片图像各 300 张（图 5-2），数据集④独立于数据集②和数据集③。

## 二、玉米图像数据集

玉米病害产生的原因和其表现的症状各不相同，由于叶子本身构造的特点，发生在作物叶片上的病害往往在颜色、纹理和形状上有细微或明显的差异，出现各种病斑形状。因此，本书主要以玉米几种常见且特征较明显的灰斑病、锈病、叶枯病病害为研究对象，通过病斑的差别来识别和判断农作物病害种类。

本书所使用的玉米叶片病害数据来源为两部分：一是公共数据集，其中健康玉米图像 1 162 张、玉米灰斑病图像 513 张、叶枯病图像 985 张和普通锈病图像 1 192 张，图像分辨率为 256×256；二是大田数据集，来源于河南农业大学毛庄实验农场，采集时间为 2018—2019 年 7—9 月。图像采集设备为佳能 EOS 50D，包含健康玉米图像 803 张、玉米灰斑病图像 650 张、锈病图像 548 张和叶枯病图像 760 张，图像分辨率为 6 000×4 000，格式为 JPG。所有图像都在拍摄当天的 8 点—16 点的自然光照下拍摄。部分公共数据集和大田数据集的图像数据如图 5-1 和图 5-2 所示（见彩插）。

玉米图像研究样本如表 5-1 所示。

**表 5-1　玉米图像研究样本**

| 图像名称 | 数据集①（张） | 数据集②（张） | 数据集③（张） | 数据集④（张） |
|---|---|---|---|---|
| 玉米健康 | 1 162 | 4 000 | 4 000 | 300 |
| 玉米灰斑病 | 513 | 4 000 | 4 000 | 300 |
| 玉米叶枯病 | 985 | 4 000 | 4 000 | 300 |
| 玉米锈病 | 1 192 | 4 000 | 4 000 | 300 |

## 三、玉米图像预处理

在大田图像采集中，拍摄设备和拍摄角度的选择、阳光的干扰等因素会使图像在生成过程中产生各种噪声源，图像的质量往往不尽人意。图像预处理在模型进行特征学习之前，通过图像处理算法提高图像的质量，尽可能去除无用信息，其主要目的是提高后期图像特征提取和分类的效率，从而提高病害识别的准确率。预处理主要内容包括图像格式转换、图像旋转、图像增强、图像分割等。

卷积神经网络（CNN）通常需要大量的样本进行训练。然而，在图像识别任务中，收集模型所需的海量训练数据是费时和昂贵的。因此，数据增强与扩展显得尤为重要。常见的数据增强方式包括标准化处理、几何变换（图像平移、图像翻转、图像旋转）、亮度调整和随机对比度的调整。植物村（下文称 Plant Village①）所采集的玉米图像在不同分类之间分布不均衡，且图像数量较少。例如，原始数据集中玉米灰斑病图像仅有 513 张，其他数据也大多在 1 000 张左右。一个数据集中每个类别样本分布的差异性较大，过多和过少都会影响模型对特征的学习和分类，造成模型收敛速度缓慢，影响整体识别准确率。为了解决图像分类任务中训练数据分布不均衡的问题，并提高模型的泛化能力，本书在保持数据样本种类不变的前提下，利用 Python PIL 模块对原始数据进行数据增强。具体方法包括将图片旋转 90°、180°和 270°，并结合试验田中采集的图像数据对公共数据进行扩充。通过减少数目较多的图像样本数量，同时扩充数目较少的数据样本，使原始图像数据分布更加均衡。经过数据增强后（图像裁剪、分割和旋转处理）部分图像如图 5-3 所示（见彩插）。

图像分辨率越高，代表图像包含像素值越多，能更清晰明确地反映出图片目标物的特征。卷积核扫描图像的像素值后得到的特征图也更能反映图像特点，从而提高测试准确率。卷积网络中的池化层会在图像的特定范围内选择一个平均、最大或者最小值代替该区域的所有像素值。虽然这样做会导致一部分像素值的丢失，但能增加模型的鲁棒性。为了研究图像分辨率对卷积神经网络训练结果的影响，便于后续工作中选用合适的图像分辨率进行训练和测试，我们先利用 Python PIL 模块（Python 的图像处理模块）对 Plant Village 中的数据进行归一化处理，后将样本图像裁剪为 $256\times256$，$128\times128$ 和 $64\times64$ 三种不同分辨率的样本数据。

图像分割是图像预处理的关键技术，是图像提取信息和任务识别的基础。图像分割会直接影响后续图像诊断和识别的结果。在图像的研究过程中，通常图像中包含前景或目标的部分更有价值，其他部分称为背景。图像分割是指根据要求不同选择不同分割算法，按照需要把图像划分为若干个不同特征的区

---

① 植物村（Plant Village）是一个国外专注于农业和植物健康的数字平台。

域，并将所需目标从原始图像中提取出来与无用背景分离。迄今为止，并没有一种分割算法能应用于所有目标提取。学者们往往根据任务不同选择不同的分割算法。常用图像分割的方法主要有基于阈值、区域、边缘、特定理论、小波变换、GraphCut 和 GrabCut 等多种分割方式。

　　Plant Village 中的玉米图像为不同拍摄角度的单一背景图像。而大田图像拍摄时没有进行去背景操作，包含很多背景信息，例如土壤等，有的单张图片包含多个玉米叶片信息，这对后期的识别产生影响。本书用 GrabCut 算法对大田图像进行背景分割。GrabCut 算法是一种分割精度高、交互量少且适应于复杂背景中目标提取的一种方法。GrabCut 算法利用图像中的纹理（颜色）信息和边界（反差）信息，不断进行分割估计和模型参数学习，再利用用户交互操作从而得到比较好的分割结果。

　　传统 GrabCut 算法需要用户手动画一个蓝框将目标框住，利用高斯混合模型（以下称为 GMM）来对背景和前景建模，蓝框内标记为前景、蓝框外标记为背景。但传统分割容易造成边缘分割不完全的现象，或当背景与前景差别较小时容易出现错误分割的现象。如图 5－4 所示。

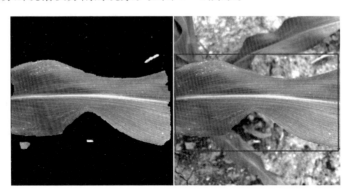

图 5－4　传统 Grabcut 算法分割结果

　　因此，本书在传统 Grabcut 算法基础上增加了额外的用户交互操作，定义了可能的前景和可能的背景，对于分割不完全的边界进行补充分割，对于错分为前景的背景进行填充，具体操作过程如下：

　　（1）需要用户根据需要在图片中手动选择合适的矩形区域。

　　（2）提前定义：键"0"——选择确定的背景区域，键"1"——选择确定的前景区域，键"2"——选择可能的背景区域，键"3"——选择可能的前景区域，键"n"——更新分割，键"r"——重置设置，键"s"——保存结果。

（3）图像中的每一个像素点都通过虚拟边与周围像素点相连接，而每一块与周围像素值差异较大的区域都有可能属于前景或者背景。

（4）根据任务所需按照定义选择背景和前景区域，画出自己想要的前景边缘区域。

（5）利用 GMM 来对背景和前景建模，并将未定义的区域按照任务所需标记为前景或背景。

（6）按照额外增加定义的用户交互，通过键"3"选择可能的背景区域，对目标的边缘进行精细分割；通过键"2"对错分为前景的背景进行补充分割，效果如图 5-5 所示。

图 5-5　改进后 Grabcut 算法分割结果

## 第二节　基于 VGG-16 模型的玉米病害识别

VGG-16 模型是常用的一种网络结构，由 13 层卷积层和 3 层全连接层组成。VGG-16 模型突出的拓展性能、简洁的结构，以及优越的迁移性成为学者们的偏爱。VGG-16 模型使用了同样大小的卷积核尺寸（3×3）和池化层参数（2×2）。该模型的卷积核小、特征提取效果较好。VGG-16 模型的网络结构如图 5-6 所示。

### 一、特征可视化

图像特征提取的好坏直接会影响图像识别结果的准确性大小。传统机器学习需要人依靠经验来选择图像特征并进行提取，易受到外部拍摄环境和主观因素的影响。而利用多尺度卷积网络模型提取图像特征图时，它能够从含有复杂

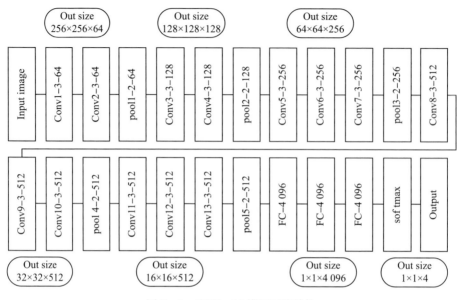

图5-6　VGG-16模型网络结构

背景的大规模数据集中自动学习到有用的图像信息，不需要手动分割提取，从而有效提高识别效率，对不同分类任务有很好的泛化能力。

特征图的可视化效果能明显表达图像的特征信息。VGG-16模型前几个卷积层提取的特征图显示图像的浅层特征，图5-7（见彩插）为原始图片以及经过VGG-16模型的网络第2层和第4层卷积生成的部分特征图。

## 二、VGG-16模型对玉米病害的识别结果

利用大田采集的玉米健康、灰斑病、锈病和叶枯病四种图像对公共数据集中的玉米叶部样本进行数据增强（数据集③），按8：1：1划分数据集，分别对VGG-16模型进行训练、验证和测试。经过验证集调参得到 Batch size 为64，该模型在100轮后的平均识别准确率如图5-8所示。

VGG-16模型轮次100轮耗时83h，平均识别准确率为90.89%，单张测试图片识别速率为0.58s。VGG-16模型由若干个卷积层和池化层堆叠的方式构成，比较容易实现模型结构的加深。模型的三个全连接层所占参数量巨大，这使模型具有很高的拟合能力，但其缺点也更加明显，例如训练时间过长、调参难度大、所需存储容量大、不利于部署等。采用批量处理的方式进行训练时，每训练一个批次数据就会更新一次参数，每个隐含层的参数变化使后

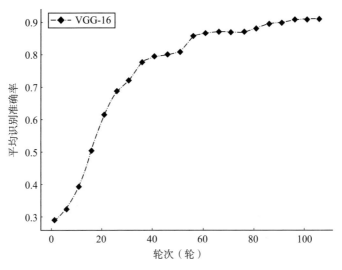

图 5-8  VGG-16 模型平均识别准确率

一层的输入发生变化，从而使每一批训练数据的分布也随之改变，致使 VGG-16 模型在每轮中都需要拟合不同的数据分布，这无疑增大了训练的复杂度以及过拟合的风险。

## 第三节 基于 GoogLeNet 的玉米病害识别

### 一、Inception 结构

谷歌研究团队命名的算法模型——GoogLeNet 中最亮眼的就是使用 Inception 结构，搭建网络联结层级为 22 层。Inception 结构能在节省计算资源、空间提取特征信息的同时，结合多种视野维度，在不增加计算参数量的情况下拓宽网络的宽度和深度。Inception-V3 模块的卷积结构如图 5-9 所示。

GoogLeNet 之所以获得了最高的图像分类识别率，是因为 Inception 结构的创新：

（1）Inception 结构的内部联系紧密，这便于 GoogLeNet 的修改和调试。

（2）Inception 结构训练容易，包含多个组合感受视野，其可以获得更多的原始数据信息，从而提高类与类之间的辨析效果。

（3）Inception 结构学习 VGGNet 用小卷积核替换大卷积核的方法，从而降低参数量并降低过拟合的风险。

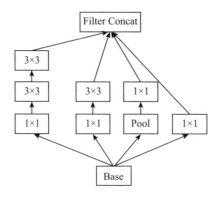

图 5 - 9　Inception 结构

（4）2015 年，Sergey Loffe 和 Christian Szegedy 提出 BN 归一化。BN 归一化会对小批量数据进行标准化处理，减少神经元分部的改变，起到正规化的作用，从而加快模型的训练速度。

## 二、GoogLeNet 对玉米病害的识别结果

利用大田采集的玉米健康、灰斑病、锈病和叶枯病四种图像对公共数据集中的玉米叶部样本进行数据增强（数据集③），按 8∶1∶1 划分数据集，对 GoogLeNet 进行训练、验证和测试。经过验证集调参，模型的最高识别准确率随轮次轮数改变，如图 5 - 10 所示。四种玉米图像的识别准确率如表 5 - 2 所示。

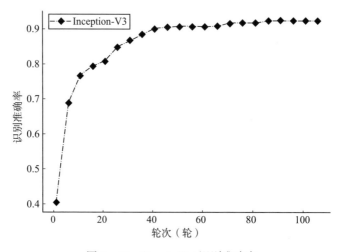

图 5 - 10　GoogLeNet 识别准确率

表 5 - 2　玉米各类别的识别准确率

| 图像类别 | 训练集（张） | 验证集（张） | 测试集（张） | 识别准确率（%） |
|---|---|---|---|---|
| 健康叶片 | 12 800 | 1 600 | 1 600 | 98.64 |
| 灰斑病 | 12 800 | 1 600 | 1 600 | 89.87 |
| 锈病 | 12 800 | 1 600 | 1 600 | 96.36 |
| 叶枯病 | 12 800 | 1 600 | 1 600 | 92.05 |
| 平均 | / | / | / | 94.23 |

GoogLeNet 的平均识别准确率为 94.23%，100 轮耗时 33h，单张测试图片的平均识别速率为 0.39s。如表 5 - 2 所示，GoogLeNet 对玉米灰斑病和叶枯病的识别准确率较低，玉米灰斑病和叶枯病的病害特征相似。随着 GoogLeNet 网络深度的加深，该模型不断使用池化操作使训练实现降维和加快收敛，这导致了图像的部分浅层特征丢失，使模型不能充分挖掘到"同形异构"目标任务特征信息的多样性和可区分性，从而会使 GoogLeNet 对类别相差较小的目标图像的识别准确率较低。

## 第四节　基于改进 VGG 多尺度卷积神经网络的玉米病害识别

### 一、改进的 VGG 多尺度卷积神经网络

为解决传统 VGGNet 参数量多、内存耗费量大，而且收敛速度慢、易造成过拟合和 GoogLeNet 易丢失部分浅层特征影响识别准确率等问题，本书融合了 VGG - 16 模型和 Inception 结构的特点，提出一种改进的 VGG 多尺度卷积神经网络模型，保留传统 VGG - 16 模型对于浅层特征的识别作用，在此基础上添加了一个 Inception - V3 模块，减少模型参数量，提高模型的非线性表达能力和训练能力。

模型结构如图 5 - 11 所示。

### 二、模型优化措施

#### （一）添加 Inception - V3 模块

模型前几个卷积层提取图像的浅层信息，例如叶片的轮廓和颜色，层数越靠后，提取的图像特征越抽象，越能体现类与类之间的细微差异性。随着网络

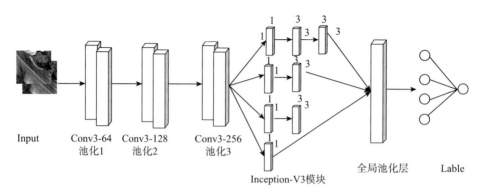

图 5 - 11　改进的 VGG 多尺度卷积神经网络结构

层数的加深，模型提取图像的特征更加细致，因此保留 VGG - 16 模型 Conv3 - 64 池化 1 到 Conv3 - 64 池化 3 层，用于提取目标图像的浅层特征，后添加一个 Inception - V3 模块，输入图像并行执行多个卷积运算和池化操作，用于提取从先前层输入的图像多尺度特征，将所有层的输出结果堆叠成目标图像的整体特征图。横向的卷积核排列设计，使多个不同大小的卷积核能够得到图像当中不同尺度的信息，这样融合了不同尺度的卷积以及池化，一个模块一层可以得到多个尺度信息，下一阶段也可同时从不同尺度中提取特征，可进行多维度特征融合，拓宽了模型的计算力，避免了由于模型太深导致训练梯度弥散的问题，特征提取效果更好。

通过并行使用 1×1、3×3 和 5×5 卷积核提取多尺度特征，并将结果融合以增强图像表征能力。为进一步降低计算成本，将 5×5 卷积分解为两个串联的 3×3 卷积，在保持相同感受野的同时减少参数量（参数减少 28%），同时通过增加网络深度提升非线性表达能力，从而更高效地学习图像深层特征。通过使用 1×1 的卷积核来实现降维操作，从而减小网络的参数量，保证网络在每一层中学习到"稀疏"或"不稀疏"的特征，在增加了网络宽度的同时增加了网络尺度适应性。

**（二）BN 归一化**

传统神经网络训练中，仅对输入层数据进行 BN 归一化处理，而忽略中间层处理，随着深度的不断加深和数据量的不断扩大，模型的训练效率会受到影响。为解决此问题，本书对包括模型中间层在内的数据进行 BN 归一化批量处理，使每一层神经网络的输入保持相同的分布。其计算过程如下：

输入：对每一个输入（$mini-batch$）的样本 $x_1-x_m$ 进行批量处理。

输出：规范化后的网络效应 $\{y_i = BN_{\lambda,\beta(x_i)}\}$。

求出每一个小批量训练数据的均值 $u_B$ 和方差 $\sigma_B^2$。

$$u_B = \frac{1}{m} \sum_{i=1}^{m} x_i \qquad\qquad 公式（5-1）$$

$$\sigma_B^2 = \frac{1}{m} \sum_{i=1}^{m} (x_i - u_B)^2 \qquad\qquad 公式（5-2）$$

用公式（5-1）和公式（5-2）求得的均值 $u_B$ 和方差 $\sigma_B^2$ 对数据进行标准化处理。其中 $\varepsilon$ 是为了避免除数为 0 时使用的微小正整数。

$$\hat{x_i} = \frac{x_i - u_B}{\sqrt{\sigma_{B+\varepsilon}^2}} \qquad\qquad 公式（5-3）$$

为防止 BN 归一化后 $x_i$ 会被限制在正态分布，从而影响网络的表达能力，故引入两个新的参数：$\gamma$ 和 $\beta$。输出 $y_i$ 通过 $\gamma$ 与 $\beta$ 的线性变换得到新的值：

$$y_i = \hat{y_{x_i}} + \beta = BN_{\gamma,\beta}(x_i) \qquad\qquad 公式（5-4）$$

对于每个激活函数都进行以上循环，计算均值 $u_B$ 与方差 $\sigma_B^2$ 求出 BN 层输出。在反向传播时利用 $\gamma$ 与 $\beta$ 求得梯度从而改变训练权值（变量）。通过不断迭代直到训练结束，得到 $\gamma$ 与 $\beta$，以及记录的均值方差。在预测正向传播时，使用训练最后得到的 $\gamma$ 与 $\beta$，以及均值 $u_B$ 与方差 $\sigma_B^2$ 的无偏估计。

BN 归一化通过改变方差大小和均值位置，使新的分布更切合数据的真实分布，从而保证模型的非线性表达能力，加快训练速度，提高模型的训练能力。

### （三）全局池化层替换全连接

由于传统的 VGG-16 模型参数量大，导致模型的收敛速度较慢，这对模型训练的硬件要求较高。VGG-16 模型包含三个全连接层，第一个全连接层的参数个数大约有 $1.02 \times 10^8$ 个，几乎占整个模型参数总数的 $75\%$，这不仅大大增加了模型训练时间，还浪费了更多的计算资源。在真实大田环境中拍摄的复杂背景图像包含大量噪声，容易导致过拟合问题。全局池化以特征图为单位进行均值化，形成一个特征点。在最后的卷积层，一个特征图输出一个分类值，得到结果后用 $Softmax$ 进行分类。本书中用全局池化替代 VGG-16 模型的卷积层后的全连接层，大大减少了模型的参数量，使每个样本数据与特征图之间的联系更加直观，因此更容易转化为分类概率。通过增强特征图和类别之间的对应关系，汇总了空间信息，从而对输入的空间平移具有更强的鲁棒性。全局平均池化中没有可优化的参数，不需要调整参数，从而避免了过拟合问题，更具鲁棒性。

## 第五节 / 病害识别结果与分析

### 一、实验环境与参数设置

本实验在以下硬件与软件环境下进行：①硬件配置包括操作系统为 Windows 10（64 位），处理器为 Intel® Core™ i7 - 8750H CPU（2.20 GHz，四核），内存为 16 GB、显卡为 Intel® HD Graphics 530，硬盘为 Teelkoou NVMe SSD（128 GB）。②软件环境统一采用 Python 3.7 编程语言与 Keras 深度学习框架，以确保所有模型在相同的实验条件下进行训练和测试。

卷积神经网络需要大量地训练来发现最优参数。模型随机从数据样本中选取一个批次数据作为输入，利用初始化参数向前传播，通过交叉熵算法计算出预测样本类别与真实样本类别之间的差值。该差值添加正则化项共同构成总损失。损失函数利用反向传播将损失值层层传递，对模型中的权重参数求偏导从而计算损失函数的梯度，再乘以学习率来更新每一层的参数。好的学习率可以使模型训练过程事半功倍。学习率的选择决定模型何时取得最优值，若学习率过小，则容易导致模型收敛速度慢；若学习率过大，则会错过最低损失函数值，从而影响模型的收敛和识别精度。为此，模型选择 0.1、0.01、0.001、0.000 1 四种学习率对模型进行训练，其中 $Loss$ 表示在训练过程中每次迭代交叉熵的平均值，$Loss$ 与样本预测为正确类的概率相关，概率越高，$Loss$ 越小，反之则越大。$Accurary$ 表示模型正确识别的样本数与总样本数之比。

$$Loss = -\frac{1}{m}\sum_{j=1}^{m}\sum_{i=1}^{n} y_{ji}\log(\hat{y_{ij}}) \qquad 公式（5 - 5）$$

$$Accurary = \frac{TP+TN}{P+N} \qquad 公式（5 - 6）$$

公式（5 - 5）中，$m$ 代表每次迭代样本个数，$n$ 代表种类数，$y_{ij}$ 表示类别标签，$\hat{y_{ij}}$ 表示类别标签对应的概率。公式（5 - 6）中，$TP$ 为被模型预测为正例的正样本，$TN$ 为被模型预测为负例的负样本，$P+N$ 为样本总数。

一般情况下，$Loss$ 越低表示分类结果越好，模型能够有效收敛。$Accurary$ 越高，模型越好。

由图 5 - 12 可知学习率为 0.1 时识别准确率最低，学习率为 0.001 时模型识别准确率最高。

为加快模型的学习速度，解决反向传播过程中梯度消失和爆炸的问题，引

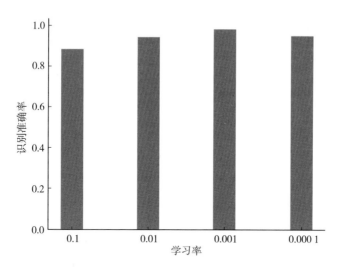

图 5 - 12　不同学习率下模型识别准确率对比

入 BN 归一化，即对网络隐藏层输入进行标准化。梯度下降是一种简单的模型优化，本书采用随机梯度下降法，将交叉熵损失函数作为代价函数。

在神经网络中加入 Dropout 层，主要是因为随着网络层数的不断增加和网络规模的不断扩大，神经网络会面临训练时间长和过拟合的难题。Dropout 层可以确保神经元不依赖于其他特定神经元的存在，可在训练过程中减少神经元的过度适应性，迫使其学习更健壮的特征，从而有效避免过拟合，同时提升模型的泛化能力。Dropout 层的核心思想是在每次向前传播的过程中，将网络中部分隐藏神经元的输出随机设为零，通过将其输出设为零的方式保证神经元既不向前传播也不参与向后传播，同时这些神经元的权重在下一批训练过程中继续更新。在步长为 0.2 的情况下，将 Dropout 率从 0.0 增加到 0.8，对提出的多尺度模型进行训练和比较。如图 5 - 13 所示，当使用 0.2 的 Dropout 率时，模型的识别准确率最高。

模型采用批量训练方式，在训练过程中将样本数据划分为小的批次。模型随机选取一个批次进行学习，计算损失函数的梯度，更新网络的权值。它通过训练数据集的子集，节约了计算成本，减少了模型收敛所需的时间，提高了模型的效率。批量大小的选择根据不同的样本数据和不同的卷积模型进行改变，由于计算机特殊的二进制，一般 *Batch Size* 为 2 的倍数，本书选择 16、32、64、128 四种 *Batch Size* 进行训练并分析结果。图 5 - 14 比较了不同 *Batch Size* 下模型识别准确率。

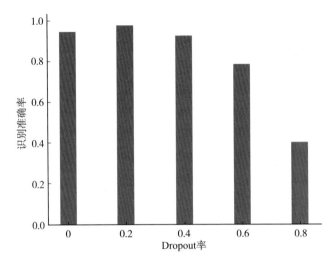

图 5 - 13 不同 Dropout 率下模型识别结果对比

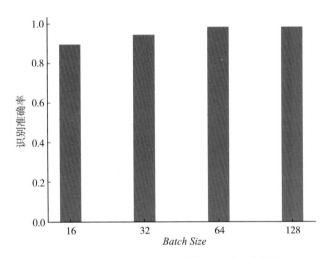

图 5 - 14 不同 Batch Size 下模型识别准确率对比

Batch Size 太小会降低计算机资源使用率，增加训练所需时间。Batch Size 太大，输入样本的随机性就越大，虽然可能会得到较高的训练结果，但模型的收敛速度变慢，在训练过程中会出现内存溢出的情况。综合考虑实验环境的限制，本书选择 Batch Size 为 64 作为参数。

所有训练数据遍历一次为一次迭代。训练过程中如果没有经过足够的迭代，模型就不能很好地学习到输入样本的特征信息，从而导致测试识别精度低，这种现象叫作欠拟合。如果训练误差随着迭代次数的增加逐渐减少，但测试精度不会随着迭代次数的增加而增加，这种现象叫作过拟合。选择合适的迭代次数，既可以保证训练过程中能学到更多的特征信息，又能保证测试准确率还能最大限度地节约时间。本书选择提前终止方法，每当测试集的 Loss 下降便存储模型参数作为备份，当训练结束时，返回识别准确率最高时模型的参数而不是返回最新的参数值；当识别准确率不再发生改变时提前结束训练。通过该方法得出，当模型训练 100 次时，识别误差降到最低且不再降低。因此，在以下实验中选择迭代次数为 100。

经过多次优化，确定模型参数，结果如表 5-3 所示。

表 5-3　改进的 VGG 多尺度卷积神经网络模型参数

| 模型参数 | 值 |
| --- | --- |
| 迭代次数 | 100 |
| 批量大小 | 64 |
| Dropout 值 | 0.2 |
| 学习率 | 0.001 |
| 训练集大小 | 80% |
| 验证集大小 | 10% |
| 测试集大小 | 10% |
| 图像分辨率 | 256×256、128×128、64×64 |

## 二、图像分辨率对模型识别准确率的影响

为研究图像分辨率对模型识别准确率的影响，用不同分辨率对模型进行训练和测试。由于研究所用的公共数据集的最高分辨率为 256×256，所以本书针对数据集②（表 5-1，图 5-15）（见彩插），选用最高的图像分辨率（256×256），以及 128×128 和 64×64 的图像分辨率，对改进的 VGG 多尺度卷积神经网络模型进行训练和测试。实验结果如表 5-4 所示，数据集②为 256×256 的图像分辨率时，模型训练耗时 15h，得到测试的识别准确率为 99.50%，测试过程中平均单张测试耗时为 0.25s。当图像分辨率降低为 128×128 时，模型训练耗时缩短为 11h，测试的识别准确率为 96.19%，平均单张测试耗时为 0.21s。当数据集②的图像分辨率降低为 64×64 时，测试的识别准确率最低，仅为 89.76%，但训练耗时最短仅需 8h，平均单张测试耗时最短，为 0.18s。

表 5 - 4　输入图像分辨率对模型识别准确率的影响

| 数据集名称 | 图像分辨率 | 训练的识别准确率（%） | 测试的识别准确率（%） | 训练时间（h） | 平均单张测试耗时（s） |
|---|---|---|---|---|---|
| 数据集② | 256×256 | 100 | 99.50 | 15 | 0.25 |
| 数据集② | 128×128 | 100 | 96.19 | 11 | 0.21 |
| 数据集② | 64×64 | 100 | 89.76 | 8 | 0.18 |

由表 5 - 4 可见，输入图像分辨率越低，训练时间和平均单张测试耗时越短，但测试的识别准确率越低，这是由于图像被过度压缩后导致部分特征信息丢失，使训练过程中模型对图像底层信息的学习不够。当数据集②的图像分辨率从 128×128 提高为 256×256 时，测试的识别准确率提高了 3.31 个百分点，训练时间增加了 4h，平均单张测试耗时只增加了 0.04s。本书综合考虑到数据集大小、研究目的以及实验的运行环境，统一选择图像分辨率为 256×256 进行实验，保证模型的耗时在可接受范围内，从而选择最高的图像分辨率。若实际应用中数据集的图像数量庞大，则可选择较小的图像分辨率，这可以在保证识别准确率达到要求的同时提高模型训练和识别速度。

### 三、数据源对模型识别准确率的影响

在实际应用中，玉米图像数据来源不同。采集图像由于受当地天气条件和背景因素的影响，所以目标特征提取效果会有所差异。此外，数据集的数量也直接影响特征的提取和学习，当模型无法提取到准确的特征时会影响到模型的识别效果。为了比较不同数据源和图像数量对模型识别效果的影响，本书将数据集①、数据集②和数据集③对改进后的模型进行训练和测试。经过 100 轮后模型的平均识别准确率如图 5 - 16（见彩插）所示。

由图 5 - 16（见彩插）可以看出经过数据增强的数据集②和数据集③的识别准确率远远高于数据集①，模型收敛速度更快。不同类型的识别准确率如表 5 - 5 所示。

从表 5 - 5 可看出，利用数据集①训练得到的模型准确率在不同图像类型中均最低，其中灰斑病叶片的识别准确率只有 78.9%（灰斑病图像仅 513 张）。经过数据增强后，将原始数据扩充为原来的四倍，模型平均识别准确率提高到 99.50%，灰斑病叶片识别准确率提升了 20.6 个百分点。加入大田图片扩充后的数据集，模型平均识别准确率约为 99.30%。通过分析表 5 - 5 可

知，在选定模型类型并设置相同模型参数的情况下，数据集的样本量和数据源都会影响到模型的训练过程，进而导致不同的识别结果和耗时。利用原始数据增强后的样本训练的模型识别精度远高于利用原始数据的识别精度，这是由于模型受训练数据集种类少、样本量不足的限制。当训练数据集的数量级和模型复杂度不匹配时会发生模型过拟合问题。针对过拟合问题可以采用数据增强技术对样本进行扩增来提高识别精度。当加入不同数据源图片时，模型的识别准确率稍有下降，这是由于不同数据源的图片叶片品种、生长环境不同，同种叶片病害图像会有所差别；模型同时学习一种病害多个特征，会出现偏差。

表5-5 不同类型的数据集训练模型性能表现

| 数据集类型 | 训练样本量 | 验证样本量 | 测试样本量 | 健康叶片的识别准确率（%） | 灰斑病叶片的识别准确率（%） | 叶枯病的识别准确率（%） | 锈病的识别准确率（%） |
|---|---|---|---|---|---|---|---|
| 数据集① | 3 082 | 385 | 385 | 94.70 | 78.90 | 89.98 | 92.40 |
| 数据集② | 12 800 | 1 600 | 1 600 | 100.00 | 99.50 | 99.22 | 99.70 |
| 数据集③ | 12 800 | 1 600 | 1 600 | 99.80 | 98.74 | 98.99 | 99.66 |

## 四、不同卷积神经网络的识别准确率对比

改进的 VGG 多尺度卷积神经网络对数据集③进行训练和测试，模型在迭代 150 轮后的训练、测试损失值和识别准确率如图 5-17 所示（见彩插）。

由图 5-17 中的损失曲线可看出，模型在 20 轮以后曲线基本趋于平缓，损失值降低的速率开始趋缓，同时学习率衰减进入了缓慢调整过程。由于采用随机梯度下降法，随机样本不会每次都是最优选择，所以模型在训练 100 轮以后其损失值稳定在 0.002～0.001 5，识别准确率在 99.0%～99.30%范围内上下波动。

用数据集③（表 5-1）和轮次 100 轮对常见传统卷积神经网络模型 Alex-Net、VGG-16 模型、ResNet-50、Inception-V3 模块和 DenseNet-201 进行训练和测试，各模型的识别准确率随迭代次数变化规律如图 5-18 所示（见彩插）。

由图 5-18 可看出，改进的 VGG 多尺度卷积神经网络相较其他几种卷积网络模型而言，它的收敛速度更快且模型准确率更高，改进后的模型在轮次 20 轮以后就可保持稳定，其他几种模型在轮次 45 轮以后才开始收敛。各模型

参数量、内存需求、平均识别准确率与速率如表 5-6 所示。

表 5-6　各模型对比

| 模型 | 卷积核大小 | 整合特征图方式 | 参数量（M） | 内存需求（MB） | 平均识别准确率（%） | 训练时间（h） | 速率（s/张） |
|---|---|---|---|---|---|---|---|
| AlexNet | 11×11、5×5、3×3 | 全连接 | 62.4 | 238.04 | 85.67 | 57 | 0.48 |
| VGG-16 | 3×3 | 全连接 | 138.36 | 527.8 | 90.89 | 83 | 0.58 |
| ResNet-50 | 7×7、3×3、1×1 | 全连接 | 26.5 | 101.1 | 93.60 | 37 | 0.42 |
| Inception-V3 | 3×3、1×1 | 全连接 | 24.7 | 94.2 | 94.23 | 33 | 0.39 |
| DenseNet-201 | 7×7、3×3、1×1 | 全局平均池化 | 20.01 | 76.33 | 95.70 | 36 | 0.45 |
| 改进的 VGG 多尺度卷积神经网络 | 3×3、1×1 | 全局平均池化 | 7.7 | 29.7 | 99.30 | 21.2 | 0.25 |

　　由表 5-6 可看出，AlexNet 的平均识别准确率仅有 85.67%，单张测试需 0.48s。VGG-16 模型的参数量较大，导致计算耗时较长，模型训练最长需要 83h，单张测试时间需 0.58s，平均识别准确率为 90.89%。ResNet-50 和 Inception-V3 模块的参数量远远小于 VGG-16 模型的参数量，平均识别准确率分别为 93.60% 和 94.23%，训练时间分别为 37h 和 33h，单张测试耗时比 VGG-16 模型减少了 0.16s 和 0.19s。虽然 DenseNet-201 的参数量比 ResNet-50 和 Inception-V3 模块少，但由于通道叠加的原因，需要频繁读取内存，导致训练速度较慢需要 36h。改进的 VGG 多尺度卷积神经网络总参数量（7.7M）远远小于传统卷积网络（VGG-16 的参数量为 138.36M），这大大减少了网络计算量和所占内存，提高了模型的训练时间（21.2h）和测试速率，单张图像检测耗时仅需 0.25s，且平均识别准确率高达 99.30%，明显高于其他传统卷积神经网络模型。

## 五、模型泛化能力分析

　　为验证模型泛化能力，更好应用于复杂背景下的大田玉米图像识别，本书选用未经过背景分割的大田玉米健康、灰斑病、普通锈病和叶枯病叶片图像各 300 张（数据集④，表 5-1，图 5-2）。本部分对数据集③（表 5-1）训练好的改进模型进行测试。

分类预测结果的混淆矩阵如图 5-19 所示。识别准确率是一个很直观的模型性能评价指标，在本部分它代表模型预测出正例的样本数与真实正例的样本数之比，但有时候识别准确率高并不能全面反映一个模型的优劣。例如测试集有300 张玉米健康叶片和 300 张病害叶片，由于模型出现误判，被模型识别出的300 张健康叶片只有 200 张是真实健康叶片，剩下 100 张是玉米病害叶片被错误识别为健康叶片，这时模型的识别准确率为 100%，识别准确率却只有 66.7%。因此为了准确判断改进模型的泛化能力，除了计算模型识别准确率，本部分还加入模型召回率（Recall）和精确率（Precision）。

$$Recall = \frac{TP}{TP+FN} \qquad 公式（5-7）$$

$$Precision = \frac{TP}{TP+FP} \qquad 公式（5-8）$$

式中，$TP$ 是被模型预测为正例的正样本，$TN$ 是被模型预测为负例的负样本，$P+N$ 是样本总数，$FP$ 是被模型预测为正例的负样本，$FN$ 是被模型预测为负例的正样本。

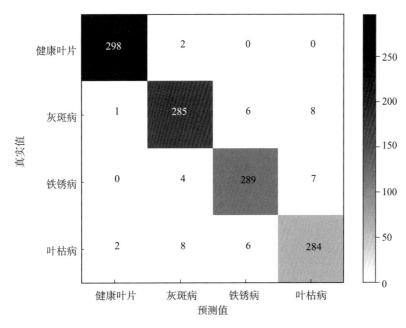

图 5-19　复杂背景玉米图像预测分类结果

表 5-7　改进的 VGG 多尺度卷积神经网络复杂背景下识别准确率

| 图像类别 | 识别准确率（%） | Recall（%） | Precision（%） |
|---|---|---|---|
| 健康叶片 | 99.58 | 99.33 | 99.00 |
| 灰斑病 | 97.58 | 95.00 | 95.32 |
| 铁锈病 | 98.08 | 96.33 | 96.01 |
| 叶枯病 | 97.42 | 94.67 | 94.98 |
| 平均 | 98.17 | 96.33 | 96.33 |

由图 5-20（见彩插）和表 5-7 可见，改进后的模型对 300 张复杂背景下的玉米图像平均识别准确率为 98.17%，健康叶片识别效果最好，识别准确率为 99.58%，Recall 为 99.33%；灰斑病、铁锈病和叶枯病的识别准确率分别为 97.58%，98.08% 和 97.42%。改进后的模型成功识别出 298 张健康叶片图像、285 张灰斑病图像、289 张锈病图像和 284 张叶枯病图像。由于玉米灰斑病和叶枯病的病害特征有一定程度的相似，所以模型会产生误判。

此外，如图 5-21 所示（见彩插），实验所用公共数据集中，部分图像数据中一张玉米叶片同时包含锈病和叶枯病［图 5-21（b）和（d）］两种病害，或一张玉米叶片包含锈病和灰斑病［图 5-21（a）和（c）］两种病害，因此导致模型在学习图像特征过程中会在一张图片上同时学习到多种病害特征。而在试验田采集的复杂背景图像中，每个叶片只包含一种病害，因此测试时，模型对玉米图像会出现少量误判的情况。

如图 5-21 所示（见彩插），（a）为一张患有灰斑病的玉米叶片，其被模型识别为 46.79% 的锈病、36.4% 的灰斑病和 16.81% 的叶枯病；（b）原为玉米叶枯病，模型识别为 51.28% 的锈病和 48.71% 的叶枯病；（c）和（d）均为玉米锈病叶片，被模型分别错误识别为 49.98% 的灰斑病和 37.25% 叶枯病。

# 第六节　小　结

本章研究以传统卷积网络 VGG-16 模型为基础，提出一种将 BN 归一化与全局池化相结合的 VGG 多尺度卷积神经网络，识别玉米常见病害（灰斑病、锈病和叶枯病）。将公共数据集进行数据增强，并与大田采集数据集结合来扩充数据集。利用不同数据集测试数据对模型的影响，并通过扩充数据集来测试模型泛化能力。改进模型与 AlexNet、VGG-16 模型、ResNet-50、Inception-V3 模块和 DenseNet-201 等传统神经网络模型在模型识别准确率、收敛性和泛化能力等方面进行对比分析，主要研究结果如下：

　　数据集样本数量不同和数据源不同都会导致不同的识别准确率和耗时。数据样本较少，会导致模型不能充分学习病害特征，识别准确率低，原始公共数据集中 513 张玉米灰斑病的识别准确率仅有 78.90%。利用数据增强后样本训练的模型识别准确率远高于原始不均衡样本，灰斑病的识别准确率提高到 99.10%，四种图像的平均识别准确率高达 99.50%。由于玉米品种、光照、生长条件的不同，不同地区生长的玉米叶片可能出现些许差异，模型需要学习来自不同数据源的玉米图像数据的不同特征，容易导致模型出现误差。因此，加入大田数据扩充的数据集③的平均识别准确率为 99.30%，低于由一个数据源组成的数据集②的分类识别准确率。改进的 VGG 多尺度卷积神经网络在训练测试时间和参数计算量上优势明显，模型参数量减少为原 VGG-16 模型的 5%，内存需求从 527.8MB 缩小为 29.7MB。模型在轮次 20 轮以后能够很好收敛，识别准确率稳定在 99.00%~99.30%，模型训练仅需 21.2h，平均单张测试耗时仅为 0.25s。其他几种传统神经网络模型收敛速度较慢，且平均单张测试耗时大于本书提出的模型。AlexNet 的平均识别准确率最低只有 85.67%；VGG-16 的训练时间最长需要 83h；ResNet-50 平均识别准确率为 93.60%，训练时间为 37h；Inception-V3 和 DenseNet-201 的平均识别准确率分别为 94.23% 和 95.70%，模型训练时间分别为 33h 和 36h。本书提出改进的 VGG 多尺度卷积神经网络平均识别准确率高达 99.30%，训练时间缩短为 21.2h，明显优于传统神经网络模型。利用未经背景分割的复杂背景玉米图像对改进模型进行泛化能力测试，300 张健康玉米图片被正确识别出 298 张，2 张被错误识别成灰斑病图像。对玉米灰斑病、锈病和叶枯病三种病害的识别准确率分别为 97.58%、98.08% 和 97.42%，*Recall* 分别为 95.00%、96.33% 和 94.67%。改进模型的泛化能力较强，可应用于复杂大田环境下的玉米病害识别。

　　卷积神经网络在玉米病害识别、预警和防控中有广泛的应用前景。但现阶段，改进的 VGG 多尺度卷积神经网络只能实现单个叶片单种病害的识别，而现实中往往单个玉米叶片同时具有多种病害类型和不同的症状。因此在今后研究中，大田病害图像数据集的丰富是首要任务，这便于模型充分提取图像病害症状多尺度、多维度特征，进一步提高模型识别准确率和泛化能力。随着智能手机和 5G 信号的逐渐普及，再加上高清摄像头和移动设备中的高性能处理器等综合因素，基于智能手机的自动图像识别的系统应用越来越广泛。在现有系统实现多种病害识别的基础上，开发应用于大田环境下即拍即识别的移动端病害识别系统将是未来的研究方向。

# 第六章 苹果病害识别

农业作为我国国家经济和社会发展的基石，不仅保障了 14 亿多人口的粮食安全与营养供给，还通过产业链延伸对农村经济发展、生态环境保护以及社会稳定起到了决定性支撑作用。每年政府出台的中央 1 号文件都将重点聚焦在"三农"问题，2024 年的中央 1 号文件也强调了粮食安全的重要性。在农业多个领域中，水果行业始终处于核心位置，而苹果因其常见且富含营养价值，成为深受人们喜爱的水果。中国是世界上最大的苹果生产国，截至 2022 年，中国的苹果产量仍然位居全球第一，年产量达到约 4 757.18 万吨，占全球产量的半数以上。苹果生产在我国的经济和民生中发挥着至关重要的作用。

由于无法避免的环境以及病原微生物侵袭等不利因素，使各种病害出现，从而阻碍了苹果的健康生长。据统计，苹果遭受的病害种类高达约 200 余种，呈现出多样性且发病规律复杂的特征，这些病害可能发生在苹果树的各个部位，包括但不限于叶片、枝条、果实乃至根部。在苹果叶片上常见的病害种类包括灰斑病、褐斑病、雪花锈病、黑星病以及白粉病等多种类型。叶片病害会导致叶片的颜色和形状发生变化，甚至使叶片脱落，而大量落叶会导致树体健康状况下降使其难以抵抗病害，还会直接导致果实发育不良、品质下滑和产量大幅削减。随着中国苹果种植面积的不断扩展，病害频发所带来的减产问题愈发严重，这给果农带来了巨大的经济损失，同时也制约了苹果产业的进一步壮大和技术升级。因此，研究出准确高效的苹果病害鉴定与防治措施将有利于苹果种植产业的健康发展。

传统病害防治通常依赖果农和专家基于经验进行目视诊断，由于病害种类繁多，加上果园面积广阔，所以仅依靠人眼其识别效率极低，同时存在主观性强、准确率不高的问题。目视诊断也会导致果农对农药使用不适当等问题，这不仅会对环境造成破坏，而且对消费者的健康构成潜在威胁。随着计算机科学技术和信息技术的飞速进步，图像识别技术在农业领域的应用也逐步深化拓展，特别是在农作物病害识别方面展现出巨大的潜力和优势。不少学者利用机器视觉算法，通过提取病害图像的颜色、形状和纹理等特征，再将这些特征输入特定的分类器从而完成病害识别任务。但复杂的图像背景和由强经验主导的特征提取过程使人力和时间成本大大增加，难以推广和普及。近几年，卷积神经网络（Convolutional Neural Network，本章简称为 CNN）在农业智能检测方面得到广泛应用，与传统机器视觉相比，CNN 具有更迅速地检测速度和更高的准确率。而使用深度学习技术对病害图像进行无监督学习，通过获得多个层次的图像特征信息进行识别。基于 CNN 强大的特征提取能力，深度学习在农作物病害识别领域发挥着重要作用，可将大量数据输入模型进行训练，适用于大田作物种植，可实现实时、准确地判断病害类别，大量节省人力、物力投入，为苹果叶片病害检测提供新思路。本书以四种常见的苹果叶片病害——灰斑病、黑星病、雪花锈病和白粉病为研究对象，借助 CNN 构建自然场景下的苹果叶片病害识别模型，为苹果叶片病害识别与果园智能化管理提供技术支撑。

## 第一节 研究内容与数据集构建

### 一、研究内容与技术路线

目前国内外学者对苹果叶片病害的研究取得了一定的成果，但仍然存在多个待解决的问题：①目前关于苹果叶片病害检测的研究还较少，且现有的研究大多存在数据量少、图像背景简单等问题；②现有的 CNN 在模型复杂度和运算速度上尚难满足苹果果园智能检测以及移动端设备的使用要求，需对模型进行轻量化设计；③复杂果园背景条件下病害识别准确率还有待提高；④目前苹果叶片病害诊断主要集中在理论创新方面，缺乏在实际生产中对病害的智能化精准识别。因此本书以苹果果园的复杂种植环境和苹果叶片病斑形状各异的特点为基础，在移动端设备计算资源有限的情况下，使用自然场景下的苹果叶片病害图像，旨在构建一种识别精度高、检测速度快的苹果叶片病害轻量化识别模型。

针对苹果果园的复杂种植环境，以及苹果叶片病斑形状各异的特点，本书以发病率最高的四类苹果叶片病害——灰斑病、白粉病、黑星病和雪花锈病作为研究对象，借助 CNN 从四个相互关联的维度——数据集构建、基于 ResNet101 的苹果叶片病害分类模型研究、基于 YOLOv5s 模型的自然场景苹果叶片病害实时检测与基于 Android 的苹果叶片病害检测系统开发进行探索。具体内容和技术路线图如下：

（1）数据集构建。针对当前研究存在图像背景简单、可识别病害种类有限以及识别准确率待提高等问题，构建以实地种植环境为背景的病害图像数据集。通过实地采集、网络爬取和公开数据集的方式收集了四种常见的苹果叶片病害图像，经过人工筛选后获得 2 556 张原始图像。采用数据增强技术（旋转镜像、颜色抖动和高斯平滑等）对原始数据集进行扩充，构建分类数据集，并对原始数据集进行数据标注，构建检测数据集。

（2）基于 ResNet101 的苹果叶片病害分类模型研究。以 ResNet101 作为基线模型，通过使用 SGD（随机梯度下降法）优化器和 Adam 优化器两种优化器以及不同学习率的组合对模型进行调优，找出效果最佳的模型参数进行下一步的改进。引入 ECA 注意力机制，并比较不同嵌入方式的识别效果，找出最佳嵌入方式。对构建的 ECA - ResNet101 模型进行性能评估，分析改进前后模型的效果，进行特征图可视化分析，最终完成苹果叶片病害分类模型的构建。

（3）基于 YOLOv5s 模型的自然场景苹果叶片病害实时检测。构建轻量化模型以解决 ResNet101 在多病害分类和病斑区域标注上的问题，同时适用于移动端设备。利用 BiFPN 实现多尺度特征融合，并集成 Transformer 模块和卷积块注意力机制（本部分称为 CBAM）提高模型的识别准确率和召回率。验证模型对四种单独病害以及不同病斑密集程度下的定位分类准确度，通过消融实验验证不同优化模块对模型算法的有效性，并对改进前后的模型识别准确率、参数量、*FLOPs* 进行评估，完成 BTC - YOLOv5s 的苹果叶片病害检测模型的构建。通过对比模型在并发症和不同干扰环境下的检测效果，测试其鲁棒性。苹果叶片病害分类与检测技术路线如图 6 - 1 所示。

（4）基于 Android 的苹果叶片病害检测系统开发。为实现果园实时病害检测，本书对种植者需求进行初步调研，基于 Android 移动端开发一款苹果叶片病害检测应用程序，同时进行功能与界面的设计，并将训练好的 BTC - YOLOv5s 的苹果叶片病害检测模型集成到应用中，完成软件开发。用户可通过手机拍照功能拍摄苹果叶片病害图像，借助此应用程序可得到病害的种类、位置和防治措施，从而进行高效和准确的病害防治。

## 二、苹果病害数据集构建

本书以苹果叶片四种常见的病害作为研究对象，以基于 CNN 的分类和检测算法作为研究方法，构建苹果叶片病害识别模型。本章节主要介绍数据采集

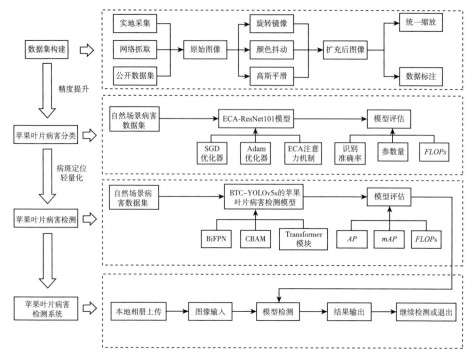

图 6-1 苹果叶片病害分类与检测技术路线

和研究过程中涉及的数据增强、CNN 基础、图像分类和目标检测算法等相关理论知识。

经实地考察，发现河南省发病率较高的苹果叶片病害为黑星病、灰斑病、雪花锈病和白粉病，而病害会造成苹果产量下降以及较为严重的经济损失。故采集不同时间段、不同气候条件及不同密集程度的四种病害及健康图像，保证数据集的丰富性和多样性。具体病害如下：

（1）黑星病又称苹果疮痂病，是由苹果黑星菌侵染所引起的。该病主要表现为叶片受侵染，正反两面均可见病斑。最初表现为黄绿色的圆形或放射状斑点，随后转变为褐色至黑色。随着病发过程，斑点凸起，中心区域变为黑色，叶片开始扭曲并呈现畸形，晚期叶片病斑可能会出现穿孔。

（2）灰斑病又称叶斑病，是由梨叶点霉引起的病害，其发病范围涵盖叶片、果实、叶柄及嫩梢。病发初期症状为边缘清晰的圆形斑点，直径为 2～6mm，后期病斑会迅速扩大，并形成多个相连的斑点，颜色也会变为灰色，中央生出小黑点。受影响的叶片通常不会出现黄化脱落的情况，但严重时会出现焦枯状。

（3）雪花锈病又称赤星病，是由山田胶锈菌侵染而致的，主要发病在苹果叶片。患病初期，叶片出现橙色小斑点，逐渐扩大，形成圆形的大病斑，周围呈现红色。到了病发后期，病斑表面会生出许多黄色点粒，即性孢子器，内含大量致病锈孢子粉末。

（4）白粉病由白叉丝单囊壳菌侵染而致，主要患病部位在叶片。患病初期，叶尖和嫩茎会出现灰白色斑块，而在背部则覆盖有白色的粉末，严重时会致叶片卷曲萎缩。此外，新生叶片的生长也会受到影响，长势缓慢，且长出的新叶细长，呈紫红色。白粉病喜湿怕水，高温干旱有利于发病，每年的9月是高发期。

由于四种病害发病时间不同，研究人员分别于2022年10月至11月和2023年6月至9月在河南省郑州市荥阳市王村镇采集苹果叶片病害图像。选取晴天、阴天、雨天等不同气候条件，以及上午、下午、傍晚等不同时间段拍摄图像。使用智能手机 HUAWEI P30 Pro 和 iPhone 13 进行拍摄，拍摄设备与目标距离10～15cm，图像的分辨率有 4 000×2 672 和 3 648×2 736 两种。

为确保模型的有效性和泛化性，实验引入了部分公开数据集作为实验数据，包括自采数据、植物病理学挑战2021（FGVC8）和 PlantDoc 数据集中的苹果叶片病害图像。其中 PlantDoc 数据集中的大多数图像存在分辨率较低、噪声较大以及样本数量不足的问题，使识别变得更加具有挑战性。图 6-2（见彩插）展示了三类数据集的病害图像。

所采集的图像存在大量低质量且与研究无关的数据，为避免图像冗余，须进行人工筛选、分类和整理。挑选的标准包括：①光照强度随一天时间而变化的图像；②不同拍摄角度的图像；③不同病害密集程度的图像；④来自不同病发阶段的图像。最终共挑选出 2 556 张苹果叶片图像，组成苹果叶片原始数据集。其中含黑星病498张、灰斑病600张、雪花锈病502张、白粉病499张和健康457张。表 6-1 展示了苹果叶片的原始数据集。

表 6-1　苹果叶片原始数据集

| 图像类型 | 数量 |
| --- | --- |
| 黑星病 | 498 |
| 灰斑病 | 600 |
| 雪花锈病 | 502 |

（续）

| 图像类型 | 数量 |
|---|---|
| 白粉病 | 499 |
| 健康 | 457 |
| 总计 | 2 556 |

### 三、数据集预处理与增强

要使 CNN 达到良好的识别效果，需使用大量的数据进行训练以找到同类数据的相似和不同类数据的区别。在数据规模不足或分布不均匀的情况下，模型容易出现过拟合问题，无法很好地泛化。数据增强的目的在于提升图像质量和扩大图像规模，以更好地满足 CNN 对输入数据的需求。数据增强可模拟图像拍摄时的光照、角度和噪声等条件，从而提高模型的泛化能力。

数据增强技术分为两类：一类是几何变换，包括旋转、翻转、裁剪、缩放、平移等；另一类是像素变换，包括添加噪声、亮度、对比度、饱和度和锐化调整等。下面对本书所使用的图像旋转、颜色抖动（亮度、对比度和饱和度调整）、高斯噪声进行详细介绍。

#### （一）图像旋转

由于原始苹果叶片图像存在拍摄角度单一的问题，使用这样的数据集训练出的模型缺乏强鲁棒性，识别多角度拍摄的苹果叶片图像时将会使识别准确率下降。为减缓拍摄角度对模型性能造成的影响，采用图像旋转进行数据增强，增强模型的泛化性。图像旋转是以图像中心点为原点旋转一定角度而生成新图像的过程。以中心点作为原点建立 X、Y 坐标系，公式（6-1）是顺时针旋转变换公式。图 6-3 为旋转变换后的结果（见彩插）。

$$\begin{cases} x = x_0 \cos\alpha + y_0 \sin\alpha \\ y = -x_0 \sin\alpha + y_0 \cos\alpha \end{cases} \qquad 公式（6-1）$$

式中，$(x_0，y_0)$ 为原坐标，$(x，y)$ 为变换后的坐标，$\alpha$ 为旋转角度。

#### （二）颜色抖动

在苹果叶片的原始数据集的采集过程中，直射光和恶劣天气等自然因素不可避免地引起了拍摄图像颜色平衡的变化。为消除这些影响，尽可能多地模拟自然环境下的苹果果园环境，通过在原始数据集上调整亮度、对比度和饱和度来扩充数据。

亮度的调整是通过运用随机数值调整像素的 $RGB$ 值来实现的。假设 $V_0$ 是原始 $RGB$ 值，$V$ 是调整后的 $RGB$ 值，$d$ 代表系数，公式（6-2）如下：

$$V=V_0(1+d) \qquad 公式（6-2）$$

对比度的调整是通过增加或减少像素的 $RGB$ 值的差异来实现的，具体操作包括增加像素的亮度和色彩饱和度，以增强图像中不同区域之间的差异。假设 $i$ 为图像亮度中间值，则公式（6-3）为对比度调整公式：

$$V=i+(V_0-i)(1+d) \qquad 公式（6-3）$$

饱和度的调整是通过将图像色彩模式从 $RGB$ 空间转换至 $HSV$ 空间予以实现的。在 $HSV$ 色彩模型框架内，$S$ 表示饱和度，可以通过改变像素的 $S$ 来调整饱和度。颜色抖动增强效果如图 6-4（见彩插）。

### （三）高斯噪声

自然环境下拍摄的苹果叶片图像会受到天气、环境和拍摄器材等因素的影响，易产生含有噪声干扰的病害图像。高斯噪声可模拟此类图像以提高模型的鲁棒性和泛化能力。高斯噪声是指图像中每个像素点的像素值会受到随机的高斯分布干扰。高斯函数是一个均值为 0，方差为 $\sigma_n^2$ 的正态分布，具体计算公式如下。

$$G(x,y)=\frac{1}{2\pi\sigma^2}e^{-\frac{x^2+y^2}{2\sigma^2}} \qquad 公式（6-4）$$

图 6-5（见彩插）为经过高斯噪声变换后的效果图。

通过数据增强来扩充原始数据集，旨在有效抑制模型过拟合现象，提升模型在未知数据上的泛化能力。对原始图像进行旋转 90°、亮度增强、对比度增强、饱和度增强和添加高斯噪声操作，将数据扩充至原始数据集的 6 倍，最终共得到 15 336 张苹果叶片图像。数据增强前后的效果如图 6-6 所示（见彩插）。根据通用数据集划分策略，按照 8∶2 的比例将训练集和测试集进行划分，其中包含训练集 12 271 张苹果图像，测试集 3 065 张苹果图像。扩充前后的各类苹果图像数量变化如表 6-2 所示。

表 6-2　苹果叶片数据集

| 类别 | 原始图像数量（张） | 增强后图像数量（张） | 训练集/测试集 |
|---|---|---|---|
| 黑星病 | 498 | 2 988 | 2 391/597 |
| 灰斑病 | 600 | 3 600 | 2 880/720 |
| 雪花锈病 | 502 | 3 012 | 2 410/602 |
| 白粉病 | 499 | 2 994 | 2 396/598 |
| 健康 | 457 | 2 742 | 2 194/548 |
| 总计 | 2 556 | 15 336 | 12 271/3 065 |

## 第二节 基于 ResNet101 的苹果叶片病害分类

本章采用 CNN 构建分类模型，该模型可自主学习苹果叶片图像的深层特征，包括颜色、纹理和语义等，以实现对病害的分类。针对苹果叶片病斑形状多样、由于尺度不一和复杂背景导致病害识别准确率较低的问题，本章以 ResNet101 作为基线模型，并致力于提升分类准确率。在残差模块中嵌入 ECA 注意力机制，构建苹果叶片病害分类模型——ECA - ResNet101 模型。该模型旨在为苹果叶片病害快速准确识别提供技术支持。

### 一、深度残差网络结构

浅层网络和深层网络具有不同的残差结构，具体对比如图 6 - 7。浅层网络（ResNet18 和 ResNet34）使用的是图 6 - 7（a）中的 BasicBlock 残差结构。其输入特征经过两个 64 通道的 3×3 卷积，输出特征通道数不变，可与捷径分支直接相加。深层网络（ResNet50、ResNet101 和 ResNet152）使用的是图 6 - 7（b）中的 Bottleneck 残差结构，中间进行 3×3 卷积，前后各通过一个 1×1 卷积进行降维再升维，此处是保证主分支和捷径分支上的维度相同，以便能与原输入特征进行相加，同时可减少模型参数。若仍采用 BasicBlock 残差结构，参数量将达到 1 179 648，而采用 Bottleneck 残差结构的参数量仅需 69 632。由于本书的苹果叶片数据集较为复杂，故选择拥有残差更多残差模块的 ResNet101 作为基线模型进行改进，而更深的网络结构能够达到更好的分类效果。

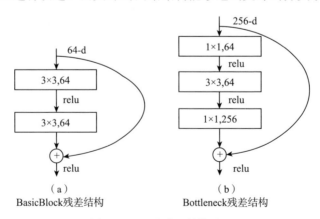

（a） BasicBlock残差结构     （b） Bottleneck残差结构

图 6 - 7　两种残差结构对比

图 6-8 展示了恒等残差块结构，该块不改变尺度，只加深网络深度。虚线处的 1×1 卷积既起到下采样又起到调整维度的作用。

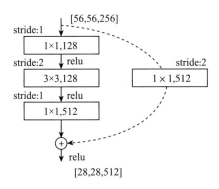

图 6-8 恒等残差块结构

图 6-9 展示了 ResNet101 的结构，共有六个阶段构成。卷积块 1 包括 7×7Conv 的卷积、BN 归一化操作、激活函数（*ReLU* 函数）以及 3×3 的最大池化（Pool/2）。而残差块 2、残差块 3、残差块 4、残差块 5 都是由若干个 Bottleneck 残差结构组成，输出层由平均池化（Avg Pool）层、全连接（Fc）层和 Softmax 层组成。其中残差块 2、残差块 3、残差块 4、残差块 5 中的 Bottleneck 残差结构数量各不相同，而卷积残差块个数均为 1，恒等残差块个数分别为 2、3、22 和 2。

**（一）ECA 注意力机制**

注意力机制可以在设备能力有限的情况下使用，能自动计算输入信息的贡献值并模仿人眼关注更多细粒化的细节。由于苹果叶片图像具有复杂的背景、多变的病斑形状以及密集的特点，这对病害识别提出了巨大的挑战。因此，引入了一种有效的通道注意力机制，即有效通道注意力机制（下文称为 ECA 注意力机制），来加强模型对细粒度信息的识别能力。ECA 注意力机制通过局部跨通道交互的方式来降低模型复杂性，它对压缩和激励注意力机制（下文称为 SE）进行了改进，保留 SE 的一部分结构，以促进适度的跨通道交互，同时舍弃了 SE 中的两个全连接层，取而代之的是一维卷积。一维卷积可以实现跨通道交互信息，通过对每个通道的自适应加权，网络能够增强其捕获每个通道中包含关键信息的能力。与 SE 相比，ECA 注意力机制使用有限的参数量，避免了特征维度降低的问题。总体而言，ECA 注意力机制通过一维卷积实现了跨通道信息交互并且降低了模型复杂度，适合用于苹果叶片病害分类任务。

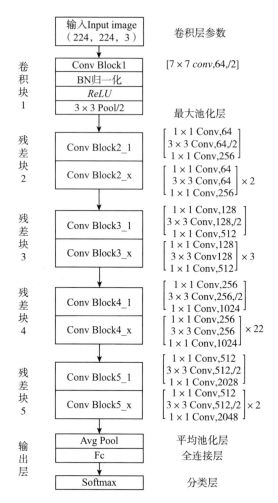

图 6 - 9　ResNet101 结构

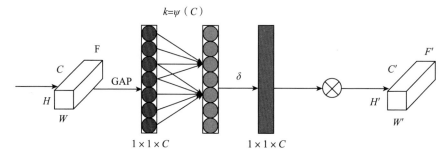

图 6 - 10　ECA 注意力机制结构

图 6 - 10 展示了 ECA 注意力机制的结构。ECA 注意力机制首先将输入特征 F 进行全局平均池化，得到特征映射。然后，利用一维卷积对上一步获得的一维特征图进行权重加权，并通过激活函数得到权重向量。最后，输入特征经过权重加权，得到最终的特征图 F′。通道权重的计算公式如下：

$$w = \sigma(C1D_k(y)) \qquad 公式（6-5）$$

公式 6 - 5 中，$\sigma$ 代表 $Sigmoid$ 激活函数，$C_1D_k$ 代表卷积核大小为 $k$ 的一维卷积，$y$ 为全局平均池化后的结果。

一维卷积核 $k$ 决定了局部跨通道交互的重叠率，重叠率和通道维度 $C$ 是密切相关的。因此，$k$ 和 $C$ 之间存在映射关系，但由于无法直接计算映射关系，故提出者使用参数化指数函数来表示映射关系 $\varphi$，公式如下：

$$C = \varphi(k) \approx e^{(\gamma k - b)} \qquad 公式（6-6）$$

由于通道维度 $C$ 是通常取值为 2 的幂，因此指数函数 $e^{(\gamma k - b)}$ 可以近似为 $2^{(\gamma k - b)}$。通过将通道维度 $C$ 设为定值，一维卷积核 $k$ 可表示为：

$$k = \psi(C) = \left| \frac{log_2 C}{\gamma} + \frac{b}{\gamma} \right|_{odd} \qquad 公式（6-7）$$

公式（6 - 7）中，$|X|_{odd}$ 表示最接近 $X$ 的奇数，当 $\gamma = 2$ 且 $b = 1$ 时，$k$ 取得最优解。

## （二）优化器

CNN 的损失函数用来计算预测结果的错误程度。根据 CNN 的损失函数计算出的误差结果，对模型参数进行更改。更改模型参数的过程就是通过优化器来实现的过程，它通过减小损失函数来更新参数，减少误差。为了学习模型的参数，本书使用了两种最为常见的优化器，即随机梯度下降法（Stochastic Gradient Descent，下文称为 SGD 优化器）和自适应矩估计法（Adaptive Moment Estimation，下文称为 Adam 优化器）。

SGD 优化器通过从样本集中随机抽取一组数据进行训练，针对这一组数据使用梯度下降方法更新一次权值参数，且在每次迭代中只使用单一样本进行训练。当遇到大规模样本量时，SGD 优化器可显著提高训练速度，即便是在未完成所有样本训练的情况下，仍可能产生一个损失值在可接受范围内的模型。它的计算公式如下：

$$W \leftarrow W - \eta \frac{\partial L}{\partial W} \qquad 公式（6-8）$$

公式（6 - 8）中，$W$ 为待更新参数，$\frac{\partial L}{\partial W}$ 为梯度，$\eta$ 表示学习率。

Adam 优化器是一种动态更新参数学习速率的方法，其实现原理在于利用损失函数对每个参数梯度的 1 阶矩和 2 阶矩进行计算和调整。每次迭代参数的步长在一个确定的范围内，因此相对稳定。Adam 优化器的算法实现简单，速度快，对计算资源要求低。它的更新规则如下：

$$m_t = \beta_1 m_{t-1} + (1-\beta_1)g_t \qquad 公式（6-9）$$

$$v_t = \beta_2 m_{t-1} + (1-\beta_2)g_t^2 \qquad 公式（6-10）$$

$$\widehat{m_t} = \frac{m_t}{1-\beta_1^t} \qquad 公式（6-11）$$

$$\widehat{v_t} = \frac{v_t}{1-\beta_1^t} \qquad 公式（6-12）$$

$$\theta_{t+1} = \theta_t - \frac{\eta}{\sqrt{\widehat{v_t}}+\grave{o}}\widehat{m_t} \qquad 公式（6-13）$$

式中，$g_t$ 代表参数的梯度，$\beta_1$ 和 $\beta_2$ 是两个指数加权平均值的衰减系数，$\widehat{m_t}$ 和 $\widehat{v_t}$ 是梯度偏差纠正后的移动平均值，$\theta_{t+1}$ 是更新后的参数，$\eta$ 是学习率，$\grave{o}$ 是一个极小的常数，用于避免分母为零。

### （三）模型整体架构

提高网络模型的准确性对于执行苹果叶片病害分类任务至关重要，为提高模型特征提取能力，本书将 ECA 注意力机制嵌入残差模块，使残差模块能同时获得经注意力卷积后的特征和捷径连接的输入特征，改进后的残差块结构如图 6-11 所示。以 ResNet101 为基线模型，保留原本的深度残差网络结构，将改进残差块嵌入 ResNet101 的结构，具体操作为在 Conv2_x 至 Conv5_x

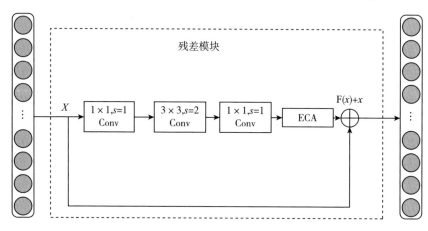

图 6-11　改进残差模块结构

层的每个残差模块中都嵌入 ECA 注意力机制，并使用 SGD 优化器更新模型参数，保持原网络中最后的全局平均池化层和全连接层不变。通过上述具体操作构建苹果叶片病害分类模型——ECA‑ResNet101 模型，模型整体结构如表 6‑3 所示。

表 6‑3　ECA‑ResNet101 模型结构

| 层名 | 操作 | 残差连接 | 循环次数 | 输出尺寸 |
|---|---|---|---|---|
| Conv1 | Conv7×7，$s=2$ | 直连 | ×1 | 112×112×64 |
| | Max Pooling3×3，$s=2$ | | | 56×56×64 |
| Conv2_x | Conv1×1 | Conv1×1，$s=2$，64 | ×1 | 56×56×64 |
| | Conv3×3，$s=2$ | | | |
| | Conv1×1 | | | |
| | ECA 注意力机制 | | | |
| | Conv1×1 | 直连 | ×2 | 56×56×64 |
| | Conv3×3 | | | |
| | Conv1×1 | | | |
| | ECA 注意力机制 | | | |
| Conv3_x | Conv1×1 | Conv1×1，$s=2$，128 | ×1 | 28×28×128 |
| | Conv3×3，$s=2$ | | | |
| | Conv1×1 | | | |
| | ECA 注意力机制 | | | |
| | Conv1×1 | 直连 | ×3 | 28×28×128 |
| | Conv3×3 | | | |
| | Conv1×1 | | | |
| | ECA 注意力机制 | | | |
| Conv4_x | Conv1×1 | Conv1×1，$s=2$，256 | ×1 | 14×14×256 |
| | Conv3×3，$s=2$ | | | |
| | Conv1×1 | | | |
| | ECA 注意力机制 | | | |
| | Conv1×1 | 直连 | ×22 | 14×14×256 |
| | Conv3×3 | | | |
| | Conv1×1 | | | |
| | ECA 注意力机制 | | | |

（续）

| 层名 | 操作 | 残差连接 | 循环次数 | 输出尺寸 |
|---|---|---|---|---|
| | Conv1×1 | | | |
| | Conv3×3，$s=2$ | Conv1×1，$s=2$，512 | ×1 | 7×7×512 |
| | Conv1×1 | | | |
| Conv5_x | ECA 注意力机制 | | | |
| | Conv1×1 | | | |
| | Conv3×3 | 直连 | ×2 | 7×7×512 |
| | Conv1×1 | | | |
| | ECA 注意力机制 | | | |
| 全局平均池化层 | Average Pooling | | ×1 | 1×1×512 |
| 全连接层 | Softmax | | ×1 | 5 |

## 二、环境参数与评价指标

本研究在硬件与软件环境下开展模型训练与测试。硬件配置包括：CPU为 AMD Ryzen 7 5 800H 八核处理器（主频 3.20 GHz），GPU 为 NVIDIA GeForce RTX 3060，显存 6GB 以及内存 16GB。软件环境基于 Windows 10（64 位）操作系统，搭载 PyTorch 1.10.0 深度学习框架，并采用 CUDA 11.3 与 cuDNN 8.2.1 实现 GPU 加速，开发工具为 PyCharm 2020.3，编程语言为 Python 3.9。所有组件版本均经过兼容性验证，确保实验的稳定性和可复现性。实验环境参数如表 6-4 所示，模型训练参数如表 6-5 所示。

表 6-4 实验环境参数

| 实验环境 | 参数 |
|---|---|
| PyTorch | 1.10.0 |
| CUDA | 11.3 |
| Python | 3.9 |
| 操作系统 | Windows 10（64 位） |
| CPU | AMD Ryzen 7 5 800H 八核处理器（主频 3.20GHz） |
| GPU | NVIDIA GeForce RTX 3060 |
| 显存 | 6GB |

表 6 - 5　模型训练参数

| 超参数 | 值 |
|---|---|
| 输入图像大小 | 224×224 |
| 迭代轮数 | 100 |
| 批次大小 | 8 |
| 初始学习率 | 0.001 |
| 动量 | 0.9 |
| 权重衰减系统 | 0.000 1 |

在分类模型构建完成后，需对模型进行性能评估，再根据评估结果进行结构调整和参数优化等操作，以实现最佳效果。本书使用混淆矩阵来评估模型性能，它对模型的预测结果和真实标签之间的关系进行总结和可视化。混淆矩阵通常是一个二维的表格，它将数据划分为：真正例（True Positive，$TP$）、假正例（False Positive，$FP$）、真反例（True Negative，$TN$）和假反例（False Negative，$FN$）四类。具体如表 6 - 6 所示。

表 6 - 6　模型评估混淆矩阵

| 真实情况 | 预测结果 | |
|---|---|---|
| | 正例 Positive | 反例 Negative |
| 正例 True | $TP$（真正例） | $FN$（假反例） |
| 反例 Falae | $FP$（假正例） | $TN$（真反例） |

根据苹果叶片病害分类任务，本章部分选择准确率（$Accuracy$）、精确度（$Precision$）、召回率（$Recall$）和 $F1 - score$ 这四个指标评估模型，具体计算公式如公式（6 - 14）至公式（6 - 17）。$Accuracy$ 是正确分类的样本数与总样本数的比值，衡量模型在所有类别上的预测准确程度；$Precision$ 是指在模型预测为正类别的样本中，实际为正类别的比例，衡量模型的分类能力；而 $Recall$ 是指在所有真实的正类别样本中，模型成功预测为正类别的比例，能直观反映模型对测试集中每个类别的测试效果。$F1 - score$ 是 $Precision$ 和 $Recall$ 的调和平均值，它能够更全面地评估模型的性能，特别适用于不平衡类别分布的数据集。

$$Accuracy = \frac{TP + TN}{TP + FP + TN + FN} \qquad 公式（6-14）$$

$$Precision = \frac{TP}{TP + FP} \qquad 公式（6-15）$$

$$Recall = \frac{TP}{TP + FN} \qquad 公式（6-16）$$

$$F1 - score = \frac{2 \times Precision \times Recall}{Precision + Recall} \qquad 公式（6-17）$$

式中，$TP$ 为检测正确的正样本数量，$FP$ 为检测错误的正样本数量，$TN$ 为检测正确的反样本数量，$FN$ 为检测错误的反样本数量。

除此之外，还使用参数量、$FLOPs$ 和每张图像识别时间来衡量模型的复杂度与效率。

### 三、实验结果与分析

#### （一）优化器与学习率分析

优化器用于计算模型参数的近似最优值使损失函数最小化。理想的学习率有利于模型快速收敛，但初始学习率过大或过小都会对模型的表现产生负面影响。过大会导致参数更新步长变大，使算法在最优解附近震荡，无法找到最优解；而过小会导致模型陷入局部最优。

为进一步探讨优化器与学习率对模型准确率的影响，选择使用 SGD 优化器和 Adam 优化器两种优化器，分别对分类模型 ResNet101 进行 100 轮的训练，并在不同优化器下设置不同的初始学习率（0.01、0.001、0.000 1）。分析不同优化器和初始学习率组合的效果，找出最佳参数。

**表 6-7 模型的损失值与准确率**

| 优化器名称 | 学习率 | 损失值 | 准确率（%） |
|---|---|---|---|
| SGD 优化器 | 0.01 | 0.313 6 | 88.78 |
| SGD 优化器 | 0.001 | 0.098 1 | 96.41 |
| SGD 优化器 | 0.000 1 | 0.158 7 | 94.88 |
| Adam 优化器 | 0.01 | 0.621 7 | 78.17 |
| Adam 优化器 | 0.001 | 0.170 7 | 93.25 |
| Adam 优化器 | 0.000 1 | 0.123 1 | 95.60 |

由表 6 - 7 可知，将学习率设定为上限 0.01，应用 SGD 优化器进行模型训练时，所获得的损失值为 0.313 6，准确率为 88.78%；利用 Adam 优化器进行模型训练时，其得出的损失值和准确率则分别为 0.621 7 和 78.17%。无论采用 SGD 优化器或 Adam 优化器，模型均表现出损失值过高、准确率过低的现象，表明其识别性能较差。原因是学习率设置过大，导致优化算法在参数空间中无法有效逼近全局最优解，从而难以实现模型收敛，最终影响了分类准确率。当学习率为 0.001 时，Adam 优化器的损失值为 0.170 7，准确率为 93.25%，表现相对较好；当学习率为 0.000 1 时，损失值进一步降低至 0.123 1，准确率为 95.60%，这表明降低学习率有助于提高模型的准确率。再观察 SGD 优化器，当学习率为 0.001 时，损失值为 0.098 1，准确率达到 96.41%；当学习率为 0.000 1 时，损失值略微增加至 0.158 7，准确率降低至 94.88%。通过对比可知，当优化器为 SGD 优化器且初始学习率为 0.001 时，其损失值达到最低，准确率达到最高，模型识别效果达到最佳。

由图 6 - 12（见彩插）可知，学习率设置为 0.01 时（对应图中的黑线和绿线），模型识别效果最差。模型收敛较慢，且开始训练时的准确率也低于其他组合，约在 40 轮后趋于平缓。损失值也呈现相同情况，开始时损失值高达 1.6，迭代 60 轮之后趋于平缓，但依旧远高于其他组合的损失值。在 Adam 0.001 情况（紫线）下，准确率得到大幅度提升，但损失值没有趋于平缓，模型不够稳定。在 Adam 0.000 1（黄线）和 SGD 0.001（红线）这两种情况下，两者识别准确率较为接近，但在 SGD 0.001 情况下的收敛速度和最终损失值优于在 Adam 0.000 1 情况下的收敛速度和最终损失值。SGD 优化器实现简单，计算速度快。而 Adam 优化器可能会出现找到的收敛点不是函数极小值的情况，甚至无法收敛。综上所述，选择 SGD 优化器和初始学习率 0.001 的组合作为模型的参数设置，构建苹果叶片病害分类模型。

## （二）ECA 模块嵌入方式分析

如何将 ECA 模块引入 ResNet101 以获得最佳识别效果，是本书在苹果叶片病害分类任务中取得优异表现的关键问题。为验证 ECA 模块不同嵌入方式对模型性能的影响，参考肖安等（2023）的研究，做以下对比实验。在空间位置方面，分别将一个 ECA 模块嵌入残差模块和残差模块前面。在数量方面，在残差模块前后各嵌入一个 ECA 模块，具体结构如图 6 - 13 所示，并与原 ResNet101 进行性能对比。其他参数设置与本节前文相同。

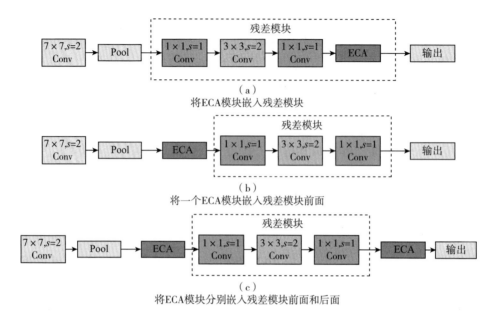

图 6-13　ECA 模块不同嵌入方式结构图

**表 6-8　ECA 模块不同嵌入方式对比**

| 嵌入方式 | $Accuracy$（%） | $Precision$（%） | $Recall$（%） |
|---|---|---|---|
| 无 | 96.41 | 96.44 | 96.50 |
| 残差模块中 | 97.03 | 97.10 | 97.05 |
| 残差模块之前 | 96.12 | 96.12 | 96.19 |
| 残差模块前后 | 96.77 | 96.79 | 96.81 |

　　由表 6-8 可知，ECA 模块的不同嵌入方式对识别效果有着不同的影响。不添加 ECA 模块时的 $Accuracy$ 为 96.41%，而将 ECA 模块嵌入残差模块前面的 $Accuracy$ 只有 96.12%，说明这种嵌入方式会降低模型的识别效果。相反其他两种嵌入方式均使 $Accuracy$ 有提升，这是因为 ECA 模块可提高病害区域的权重，减少背景等信息的干扰，使网络更关注对识别效果影响最大的病害区域。对比两者，将 ECA 模块嵌入残差模块的方式效果最佳，$Accuracy$ 比原模型提高 0.62%，$Precision$ 提高 0.66%，$Recall$ 提高 0.55%，最终达到 97.03% 的 $Accuracy$。如图 6-14 所示（见彩插），将不同嵌入方式的识别精度可视化后，可更直观地观察到将 ECA 模块嵌入残差模块的提升效果。在之后实验中，默认使用将 ECA 模块添加到残差模块中的嵌入方式。

### （三）特征可视化

CNN 因其可解释性差，被称为"黑匣子"，包括许多人眼难以观察到的隐藏结构和微参数。为深入分析 CNN 如何区分苹果叶片病害类别的特征，使用特征可视化 GradCAM 技术，以显示卷积过程中的特征变化，提高训练过程的透明度，简化模型的调试过程。图 6-15（见彩插）展示了 ECA-ResNet101 模型 Conv5_x 层最后一个 block 中的 norm 层对四种病害与健康叶片图像输出的特征图可视化结果。在这些特征图中，可以通过明暗程度来观察卷积层的感兴趣区域，亮度越高的区域表明卷积核越感兴趣。叶片和背景区域呈现为暗色，而病斑区域呈现为高亮色。具体而言，雪花锈病、黑星病和白粉病在病斑区域表现出橙红色，这是因为它们在特征图中呈现明显的病害特征。相比之下，健康图像由于没有病斑而整体呈现暗色。从可视化结果来看，本书构建的 ECA-ResNet101 模型可以有效过滤图像中的背景等干扰信息，聚焦整个叶片轮廓区域，提取病害区域特征，以此作为分类依据，显著提高模型的识别准确率。

### （四）分类模型对比分析

为探讨 ECA-ResNet101 模型与其他分类模型在苹果叶片病害分类任务中的识别效果，将 ECA-ResNet101 模型与 AlexNet、VGG-16、ConvNeXt、MobileNetV2 和 MobileVit-xs 进行性能对比。采用相同的数据集和超参数设置进行对比实验。

图 6-16（见彩插）展示了 ECA-ResNet101 模型和其他五种模型在训练过程的 *Accuracy* 变化。通过观察发现，随着迭代轮数的增加，*Accuracy* 呈上升趋势，并在 100 轮时模型基本达到收敛。但 ConvNeXt 除外，它的 *Accuracy* 最低，只达到 89.59%，模型收敛速度最慢，到 100 轮时曲线还未趋于平缓，说明该模型尚未收敛。随着网络深度的增加，提取的特征也具有更多的细节信息，训练过程中的 *Accuracy* 也有不同程度的提升。ECA-ResNet101 模型表现最佳，以较快的收敛速度，达到最高 *Accuracy*。

由表 6-9 可知，模型 AlexNet 和 ConvNeXt 的 *Accuracy* 只有 93.74% 和 89.59%，*Accuracy* 较低，不适合用于执行苹果叶片病害分类任务。VGG-16 模型的 *Accuracy* 虽能达到 95% 以上，但模型参数量高达 134.29M，会占用大量设备存储空间，不利于模型移动端部署。对于轻量化模型 MobileNetV2 和 MobileVit-xs 来说，*Accuracy* 均能达到 96% 以上。在复杂度方面，前者的 *FLOPs* 和识别时间最少，分别为 0.32G 和 104.05ms；后者的模型参数量最小，只有 1.93M。倒残差结构和 Vision Transformer 结构使其模型卷积层中的乘法加法计算量减小，从而达到模型轻量化目的。对比所有未改进的模型，ResNet101 的 *Accuracy* 为 96.41%，这也是选取它作为基线模型进行改进的原因。通过对比可知，一方面，本书所构建的 ECA - ResNet101 模型虽不能在模型复杂度方面与轻量化模型媲美，但在所有模型中取得最高 *Accuracy*，为97.03%，分别比 AlexNet、VGG - 16、ConvNeXt、MobileNetV2、MobileVit - xs和 ResNet101 模型准确率高出 3.29%、1.79%、7.44%、0.65%、1.01% 和0.62%。另一方面，ECA - ResNet101 模型推理一张苹果叶片病害图像平均仅需122.64ms，识别时间与 MobileVit - xs 模型相近，达到部署于移动端设备的实时分类模型水平。综合考虑，ECA - ResNet101 模型在 *Accuracy*、模型复杂度和识别时间的整体表现优于其他模型，适用于苹果叶片病害分类识别。

表 6 - 9    不同分类模型性能对比

| 模型类别 | *Accuracy*（%） | 参数量（M） | *FLOPs*（G） | 识别时间（ms） |
|---|---|---|---|---|
| AlexNet | 93.74 | 57.02 | 0.71 | 117.04 |
| VGG - 16 | 95.24 | 134.29 | 15.53 | 125.65 |
| ConvNeXt | 89.59 | 2.23 | 0.32 | 124.70 |
| MobileNetV2 | 96.38 | 2.23 | 0.32 | 104.05 |
| MobileVit - xs | 96.02 | 1.93 | 0.72 | 128.70 |
| ResNet101 | 96.41 | 42.51 | 7.85 | 131.03 |
| ECA - ResNet101 | 97.03 | 42.51 | 7.86 | 122.64 |

## （五）分类结果对比分析

表 6 - 10 中展示了 ECA - ResNet101 模型对四种病害与健康叶片的识别效果。其中，白粉病的识别效果最好，*F1 - score* 高达 99.17%，这是因为白粉病是整个叶片患病，叶片呈白色粉末状，与其他病害特征区别较大，故较易识别。相比于其他病害，灰斑病和健康的 *Precision* 较低，这是由于两者图像的纹理、轮廓等特征相似而易导致误检。

表 6 - 10    四种病害与健康叶片识别效果

| 种类 | *Precision*（%） | *Recall*（%） | *F1 - score*（%） |
|---|---|---|---|
| 灰斑病 | 94.94 | 96.39 | 95.66 |

（续）

| 种类 | Precision（%） | Recall（%） | F1 - score（%） |
|------|------|------|------|
| 雪花锈病 | 99.14 | 95.68 | 97.38 |
| 黑星病 | 98.31 | 97.32 | 97.81 |
| 白粉病 | 99.00 | 99.33 | 99.17 |
| 健康 | 94.13 | 96.53 | 95.32 |

　　在分类任务中，分类器可能会混淆特征相似的病害，同一种病害图像在不同患病阶段也可能会被识别成不同病害，从而导致识别性能下降。混淆矩阵可直观地分析模型对不同病害的识别效果。图 3 - 12 分别展示了基线模型——ResNet101 和改进模型——ECA - ResNet101 模型在测试集上的混淆矩阵，其中，行代表预测标签，列代表真实标签，对角线为所有正确预测的结果，颜色越深，代表精确率越高。

　　从图 6 - 17（a）可以看出，使用基线模型——ResNet101，发现有 25 张灰斑病图像被识别为健康，16 张健康图像被识别为灰斑病，因灰斑病患病初期病斑形状小、特征不明显、较难与健康图像区分开来。同时，黑星病的识别效果也不理想，有 10 张图像被识别为灰斑病，这主要是由于病斑形状不规则、密集分布所导致的。在图 6 - 17（b）中，改进后的 ECA - ResNet101 模型对灰斑病和健康图像的误判数量有所减少，分别为 21 张和 16 张。对比五种情况下识别正确的图像数量，只有雪花锈病识别正确的图像数量减少，其他类别的

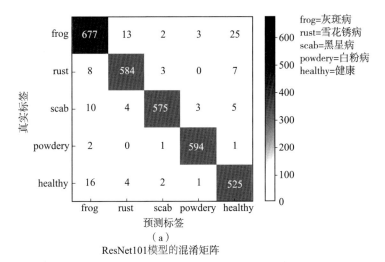

（a）
ResNet101模型的混淆矩阵

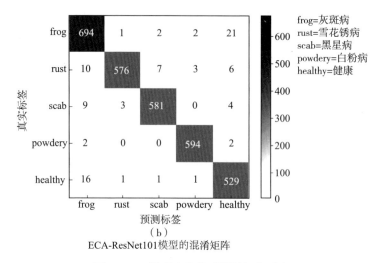

frog=灰斑病
rust=雪花锈病
scab=黑星病
powdery=白粉病
healthy=健康

（b）

ECA-ResNet101模型的混淆矩阵

图6-17　模型改进前后混淆矩阵对比

识别正确的图像数量均有所增加或保持不变。从不同病害的分类情况进行分析也可得出 ECA‐ResNet101 模型对苹果叶片病害分类具有有效性。

## 第三节　基于 YOLOv5s 模型的苹果叶片病斑实时检测

尽管基于 ResNet101 的苹果叶片病害分类模型在准确识别病害种类方面表现出色，但针对图像背景复杂、多叶片和多病斑的情况，分类模型无法做到精准定位。果园病害的精准防治需要果园管理人员除判断病害种类外，还需就病害的大小、位置和形状进行分析，以确定病发的时间和严重程度，并且在必要时确认并发症情况，以实现对症下药的目的。另一方面，ResNet101 模型的复杂度较高，这导致权重文件和计算量过大，从而可能显著增加对高性能硬件的需求，进而大幅度提升硬件设施成本。针对以上问题，本章节选用 YOLOv5s 模型，减少模型在存储资源上的消耗，从任务复杂度和模型特性两个角度出发，在实现模型轻量化的同时实现苹果叶片病害的精准定位与实时检测。

### 一、叶片病害数据标注

在目标检测任务前，需对图像进行标注。本书使用 LabelImg 对图像中的病斑进行标注，包含病害种类与定位框（中心坐标、宽度和高度）。LabelImg

是一个常用的开源图像标注工具，用于在图像上创建标注框，并为目标对象添加标签。支持常见的图像文件格式，包括 JPEG、PNG 等，完成标注后，标注数据可以 XML 或 TXT 格式导出。标注示意图如图 6-18 所示（见彩插）。

本部分研究使用表 6-1 数据作为原始数据集，并标注 10 727 个病斑实例。再按照训练集和测试集 8∶2 的比例随机划分为训练集 1 678 张病害图像，测试集 421 张病害图像。将此数据集命名为 ALDD（Apple Leaf Diease Dataset），用于模型的训练和测试。标注结果如表 6-11 所示。

表 6-11 ALDD 标签分布

| 病害类型 | 病害标签 | 图像数量 | 标注实例数量 |
| --- | --- | --- | --- |
| 黑星病 | scab | 498 | 4 722 |
| 灰斑病 | frog | 600 | 3 091 |
| 雪花锈病 | rust | 502 | 2 166 |
| 白粉病 | powdery | 499 | 748 |
| 合计 | - | 2 099 | 10 727 |

为丰富图像数据集，帮助模型有效地提取病害特征并避免过拟合，使用 Mosaic 图像增强和在线数据增强方式来扩充数据集。经过 Mosaic 图像增强后，不仅丰富了图像背景，增加了实例个数，而且间接扩大批次大小、加快模型训练，这有利于提升小目标检测性能。在线数据增强是指在训练过程中动态地对数据进行增强处理，这与预先生成并保存的增强后数据的方法不同。这种方法可减少对存储空间的需求，并且可以在每个训练迭代中使用不同的增强参数，从而增加模型的泛化能力。虽然数据集总量不变，但输入每个迭代轮数的数据量在不断变化，这更有利于模型快速收敛。图 6-19（见彩插）为数据增强图像实例。

## 二、基于 YOLO 的苹果叶片病害检测模型

### （一）BiFPN

YOLOv5s 模型采用 FPN 和 PAN 结合的方式进行多尺度特征融合，FPN 自上而下增强语义信息，PAN 自下而上增强位置信息，两种结构的组合共同增强了中间层的特征融合能力。然而，在将多个输入特征融合的过程中，若仅简单地对它们进行加和，这些特征对融合输出特征的影响往往不平等。针对这一问题，Tan 等（2020）基于高效地双向跨尺度连接和加权多尺度特征融合，

提出了双向特征金字塔网络（Bidirectional Feature Pyramid Network，BiF-PN）。BiFPN采用可学习的权重策略来评估不同输入特征的重要性，并多次采用从上到下和从下到上的多尺度特征整合方法。

BiFPN的结构如图6-20所示（见彩插）。BiFPN移除了只有单层输入特征的节点，这是因为它并未进行特征的融合，对于融合不同特征的网络的贡献相对较小，所以决定删除它并简化双向网络结构。在相同层级的输入和输出节点之间，增设一条额外的连接路径，并通过多次堆叠的方法实现了更高级的融合特性。此外，实验还引入了一种简洁而高效的加权特征融合策略，通过引入一个可学习的权重系数，就可以根据不同分辨率特征图的重要性差异动态分配相应的权重值。模型融合了BiFPN的中间层，增加了多尺度特征的融合，为网络提供强大的语义信息，这有助于检测不同大小的苹果叶片病害，并且解决了网络对重叠和模糊目标的识别不准确问题。

## （二）Transformer 模块

苹果叶片病斑存在高密集情况，为避免Mosaic图像增强后出现病斑个数和背景信息增多，从而造成无法准确定位病害区域的问题，在骨干网络层的末端添加Transformer模块。使用Transformer模块挖掘全局上下文信息，并建立特征通道与病害目标的远距离依赖。Transformer模块使用自注意力机制来挖掘特征表达的能力，并且在高密集场景下具有很好的性能。自注意力机制具有全局感受域，为不同的语义信息分配各自权重，从而达到网络更加关注关键信息的目的。如公式（6-18），包含三个基本元素：查询（Query，$Q$）、键（Key，$K$）和值（Value，$V$）。

$$Attention\ (Q，K，V) = Softmax\left(\frac{QK^T}{\sqrt{d_k}}\right)V \qquad 公式（6-18）$$

式中，$d_k$代表输入特征图通道序列的数量，使用归一化数据，避免梯度递增。

Transformer模块由多头注意力机制和前馈神经网络组成。多头注意力机制结构如图6-21所示。相较于自注意力机制仅采用一组$Q$、$K$、$V$进行计算，多头注意力机制则采用多组$Q$、$K$、$V$分别进行独立计算，并将多个矩阵进行拼接，通过不同的线性变换表征到不同的向量空间，这可以帮助代码关注当前像素，获取上下文的语义信息。多头注意力机制在不增加计算复杂度的情况下，通过捕获远程依赖信息，增强提取病害特征能力和提高模型检测性能。

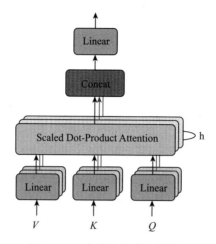

图 6 - 21　多头注意力机制结构

## （三）CBAM

对病害进行检测时，病害种类的识别高度依赖于特征图的局部信息，而对于病斑的准确定位，则更多地关注其位置信息。故在优化后的 YOLOv5s 模型中，使用 CBAM，对特征图的空间维度和通道维度执行加权操作，从而增强了模型对局部和空间信息的关注度。

由图 6 - 22 可知，CBAM 包含通道注意力（Channel Attention Module）和空间注意力（Spatial Attention Module）两个子模块。输入特征图（Input Feature）先通过通道注意力子模块的一维卷积操作，将卷积结果与输入特征相乘，然后将结果输出作为下一阶段的输入，进行空间注意力子模块的二维卷积操作，再将结果与第一阶段的输出结果相乘得到最终结果。计算公式如下：

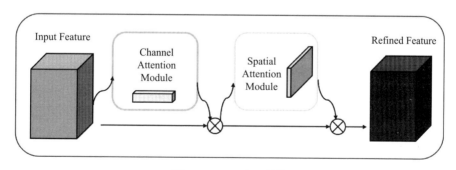

图 6 - 22　CBAM 结构

$$F' = M_c(F) \cdot F \qquad\qquad 公式（6 - 19）$$

$$F''=M_s(F')\cdot F' \qquad\qquad 公式（6-20）$$

式中，$F$ 代表输入特征图，$M_c$ 代表通道注意力操作，$M_s$ 代表空间注意力操作，·代表元素相乘。

### （四）BTC-YOLOv5s 的苹果叶片病害检测模型

基于 YOLOv5s 模型原有的优势，本书提出改进的 BTC-YOLOv5s 算法用于检测苹果叶片病害，在保证速率的同时，提高网络在复杂背景下苹果叶片病害识别的准确性。提出的算法主要从 BiFPN、Transformer 模块和 CBAM 三个部分进行改进。首先，在 YOLOv5s 模型的骨干网络层的 SPP 前添加 CBAM，突出病害检测任务中的有用信息并抑制无用信息，以提高模型检测精度。其次，将 C3 替换为带有 Transformer 模块的 C3TR 模块，提高提取苹果叶片病害特征的能力。最后，将 Concat 层替换为 BiFPN 层，并在第 20 层添加一条来自第 6 层的路径，将在同一层的骨干网络与中间层的特征进行融合，加强特征表达能力。图 6-23 为本书 BTC-YOLOv5s 的苹果叶片病害检测模型的整体框架（见彩插）。

## 三、环境参数与评价指标

### （一）实验环境与参数设置

模型训练和测试均在 Linux 操作系统下运行，实验环境参数如表 6-12 所示。深度学习技术的框架为 PyTorch 1.10.0，CUDA 11.3，cuDNN 8.2.1，python 3.8。表 6-13 为调优后的模型训练参数。

表 6-12　实验环境参数

| 实验环境 | 型号或参数 |
| --- | --- |
| 操作系统 | Linux |
| CPU | Intel® Xeon® E5-2686 v4 @ 2.30GHz |
| 内存 | 64GB |
| GPU | NVIDIA GeForce RTX3090 |
| 显存 | 24GB |

表 6-13　调优后的模型训练参数

| 超参数 | 值 |
| --- | --- |
| 输入图像大小 | 640×640 |
| 批次大小 | 32 |

（续）

| 超参数 | 值 |
| --- | --- |
| 迭代轮数 | 150 |
| 初始学习率 | 0.01 |
| 优化算法 | SGD |
| 动量 | 0.937 |
| 权重衰减指数 | 0.000 5 |

### （二）模型评价指标

针对任务需求，将模型评价指标分为性能评估和复杂度评估两方面。模型性能评估指标包括：$Precision$、$Recall$、$AP$、$mAP$ 和 $F1-score$。模型复杂度评估指标包括：模型大小、$FLOPs$ 和每秒帧数（Frame Per Second，$FPS$）。

每类病害都可根据 $Precision$ 和 $Recall$ 绘制一条曲线，而 $AP$ 则是这条曲线下的面积，即为 $Precision$ 对 $Recall$ 的积分。而 $mAP$ 是 $AP$ 的平均值，用于反映模型对目标检测和分类的整体性能。$Precision$、$Recall$ 和 $F1-score$ 见公式（6-15）、公式（6-16）和公式（6-17）。$AP$ 和 $mAP$ 计算如公式（6-21）、公式（6-22）所示：

$$AP = \int_0^1 P(R)\,\mathrm{d}R \qquad 公式（6-21）$$

$$mAP = \frac{\sum_{i=1}^n AP_i}{n} \qquad 公式（6-22）$$

公式（6-21）、公式（6-22）中，$P$ 代表 $Precision$，$R$ 代表 $Recall$，$n$ 为病害种类数。

模型大小为模型存储所需的内存空间。$FLOPs$ 是衡量神经网络模型计算量的指标，它是模型中乘法和加法运算的总次数。$FLOPs$ 越低，所需的计算量越小，通常模型的计算速度越快。$FPS$ 表示模型每秒钟能够处理的样本数目，它可以评估模型的推理速度，对于实时检测病害尤为重要。为了评估模型在运算性能不高的移动端设备上的可移植性，本书选择使用一台配备八核 CPU 但无独立显卡的计算机来进行测试。

### 四、BTC-YOLOv5s 的苹果叶片病害检测模型性能分析

针对本章提出的 BTC-YOLOv5s 的苹果叶片病害检测模型，使用构建的

ALDD 进行验证，并使用相同的优化参数进行训练，与基线模型——YOLOv5s 模型比较实验结果。由表 6-14 可知，改进后的 BTC-YOLOv5s 的苹果叶片病害检测模型识别灰斑病的 $AP$ 与原模型基本持平，其他三种病害准确率都比基线模型有较大提升。其中由于病斑形状不规则导致检测难度最大的黑星病的 $AP$ 提升最大，提升 3.3%。说明改进后的模型对所研究的四种病害来说，具有有效提高检测准确率的效果。

表 6-14　YOLOv5s 模型和 BTC-YOLOv5s 苹果叶片病害检测结果比较

| 模型类别 | $AP$（%） | | | $mAP@0.5$（%） | | |
|---|---|---|---|---|---|---|
| | 灰斑病 | 黑星病 | 白粉病 | 雪花锈病 | 稀疏 | 密集 |
| YOLOv5s 模型 | 93 | 60.3 | 88.8 | 88.7 | 85.6 | 80.7 |
| BTC-YOLOv5s 的苹果叶片病害检测模型 | 92.9 | 63.6 | 90.2 | 90.3 | 87.3 | 81.4 |

图 6-24（见彩插）为基线模型——YOLOv5s 模型和改进后模型——BTC-YOLOv5s 的苹果叶片病害检测模型训练 150 轮的 $Precision$、$Recall$、$mAP@0.5$、$mAP@0.5\sim0.95$ 的评估结果。

由图 6-24 可知，$Precision$ 和 $Recall$ 曲线在 50 轮后一直在小范围波动，但通过对比发现 BTC-YOLOv5s 曲线一直在 YOLOv5s 模型曲线之上。从 $mAP@0.5$ 曲线可以看出，所提出模型的 $mAP@0.5$ 与 YOLOv5s 模型在大约 60 轮处相交，虽然 YOLOv5s 模型的 $mAP@0.5$ 在前期迅速提高，但 BTC-YOLOv5s 的苹果叶片病害检测模型在后期稳步提高，并表现出比 YOLOv5s 模型更优的结果，同样在 $mAP@0.5\sim0.95$ 曲线中也有类似的情况。

为进一步验证本书提出的 BTC-YOLOv5s 的苹果叶片病害检测模型对不同病害密集程度的检测效果，将测试集分为病斑稀疏分布和密集分布两大类，并对基线模型和改进后模型检测结果做对比。BTC-YOLOv5s 的苹果叶片病害检测模型对病斑稀疏情况和密集情况的病害图像识别准确率分别为 87.3% 和 81.4%，分别超出基线模型的 1.7% 和 0.7%。并且对检测图进行分析，检测结果如图 6-25 所示（见彩插），黄色椭圆框代表未检测到的目标，红色椭圆框代表检测错误的目标。从图 6-25 中可见，无论病斑稀疏或密集，基线模型都会出现模糊或较小病斑漏检的情况（图 6-25（a）（b）的第一行图像），而改进后模型大大改善了这种情况，一些小病斑或者不在聚焦范围的叶片上的病害仍可被有效检测，且病害的置信度更高［图 6-25（a）（b）的第 2 行图像]。此外，基线模型还会将非病害部分误检为病害，比如将苹果、背景无关目标错误识别为病毒 [图 6 - 25 （a）的 3 和图 6 - 25 （b）的 1]，以及误将黑星病检测为雪花锈病 [图 6 - 25 （b）的 5]。而改进后模型将关注点聚焦在病害上，提取更深层次不同病害之间的差距特征，有效避免上述情况。且灰斑病、黑星病和雪花锈病斑都表现为小且密集的特点，分布在叶片的不同部位，而白粉病通常都是一整个叶片患病，这就导致模型检测框的尺度大小不一，而改进后模型能很好地适应不同病害的尺度变化。

综上所示，改进后模型不仅能适应不同病害分布情况（稀疏与密集），还可较好适应苹果叶片病害不同尺度和不同特征的变化，表现出良好的检测效果。

### 五、消融实验与注意力机制分析

通过消融实验验证不同优化模块对模型算法的有效性，以 YOLOv5s 模型为基线模型，依次添加 BiFPN、Transformer 模块和 CBAM，形成多个改进模型，在相同的测试数据上对比分析结果。不同优化模块消融实验结果如表 6 - 15 所示。

**表 6 - 15　消融实验结果**

| 模型类别 | Precision （%） | Recall （%） | mAP@0.5 （%） | mAP@0.5～0.95 （%） |
|---|---|---|---|---|
| YOLOv5s | 78.4 | 79.7 | 82.7 | 45.8 |
| YOLOv5s＋BF | 81.7 | 78.4 | 83.2 | 45.3 |
| YOLOv5s＋CBAM | 81.7 | 79.7 | 83.7 | 45.7 |
| YOLOv5s＋TR | 79.5 | 78.9 | 82.9 | 45.6 |
| YOLOv5s＋BF＋CBAM | 81.0 | 81.0 | 84.3 | 44.9 |
| YOLOv5s＋BF＋TR | 83.5 | 77.6 | 83.0 | 45.1 |
| YOLOv5s＋BF＋TR＋CBAM | 84.1 | 77.3 | 84.3 | 45.9 |

由表 6 - 15 可知，YOLOv5s 模型的 Precision 和 mAP@0.5 分别为 78.4% 和 82.7%。在分别添加 BiFPN、Transformer 模块和 CBAM 这三个优化模块后，即 YOLOv5s＋BF、YOLOv5s＋TR、YOLOv5s＋CBAM 的 Precision 和 mAP@0.5 比 YOLOv5s 模型都有所提高。Precision 分别提高了

$3.3\%$、$1.1\%$、$3.3\%$，$mAP@0.5$ 分别提高了 $0.5\%$、$0.2\%$、$1\%$。最终三个优化模块的组合（YOLOv5s＋BF＋TR＋CBAM）达到最佳效果，$Precision$、$mAP@0.5$ 和 $mAP@0.5\sim0.95$ 都达到最高，分别比基线模型提高了 $5.7\%$、$1.6\%$ 和 $0.1\%$，优于其他改进模型。CBAM 通过将跨通道信息和空间信息融合，来关注重要特征抑制不必要信息，而 Transformer 模块使用自注意力机制与病害特征建立远距离的特征通道。BiFPN 将以上特征进行跨尺度特征融合，改善重叠和模糊目标的识别。BiFPN、Transformer 模块和 CBAM 三者相结合，使 BTC－YOLOv5s 的苹果叶片病害检测模型表现出最佳的检测性能。

为验证所使用的 CBAM 的有效性，保留 BTC－YOLOv5s 模型的其他结构作为实验参数设置，仅将 CBAM 替换为其他主流注意力机制模块，如协同注意力（Coordinate attention，CA）、SE 和 ECA 模块，进行对比实验。

从表 6－16 可见，注意力机制模块可显著提高模型的准确性。SE、CA、ECA 和 CBAM 的 $mAP@0.5$ 分别达到了 $83.4\%$、$83.6\%$、$83.6\%$ 和 $84.3\%$，相比于 YOLOv5s＋BF＋TR，提高了 $0.4\%$、$0.6\%$、$0.6\%$ 和 $1.3\%$。各个注意力机制模块都在不同程度上提高了 $mAP@0.5$，其中 CBAM 表现最好，$mAP@0.5$ 达到了 $84.3\%$，比 SE、CA、ECA 模块分别高出 $0.9\%$，$0.7\%$ 和 $0.7\%$，同时 $mAP@0.5\sim0.95$ 也是四个注意力机制中的最高值。SE 和 ECA 模块专于特征图中的通道信息，CA 只专注位置信息，而 CBAM 将空间注意力和通道注意力结合，强调特征图中的病害特征信息，更有利于病害的识别和定位。

同时，注意力机制是轻量级的。添加了 CBAM 的 BTC－YOLOv5s 的苹果叶片病害检测模型在保证模型大小和计算量基本不变的情况下，提高了模型识别精度。

表 6－16　不同注意力机制模块性能比较

| 注意力机制模块的类别 | $mAP@0.5$（%） | $mAP@0.5\sim0.95$（%） | 模型大小（MB） | $FLOPs$（G） |
|:---:|:---:|:---:|:---:|:---:|
| SE | 83.4 | 45.3 | 15.7 | 17.5 |
| CA | 83.6 | 45.1 | 15.8 | 17.5 |
| ECA | 83.6 | 44.8 | 15.7 | 17.5 |
| CBAM | 84.3 | 45.9 | 15.8 | 17.5 |

### 六、主流检测模型性能对比

选取当前广泛应用的检测模型 Faster R-CNN 目标检测网络模型、SSD 目标检测网络模型、YOLOv4-tiny 和 YOLOv8s 模型进行对比实验。设置相同实验参数，在 ALDD 上进行训练与测试，表6-17 展示了主流检测模型在不同性能指标下的比较结果。

表6-17　主流检测模型性能比较

| 模型类别 | $mAP@0.5$<br>（%） | $F1-score$<br>（%） | 模型大小<br>（MB） | $FLOPs$<br>（G） | $FPS$ |
|---|---|---|---|---|---|
| SSD 目标检测网络模型 | 71.56 | 60.77 | 92.1 | 274.70 | 1.15 |
| Faster R-CNN 目标检测网络模型 | 35.46 | 35.83 | 108.0 | 401.76 | 0.16 |
| YOLOv4-tiny | 59.86 | 55.79 | 22.4 | 16.19 | 8.21 |
| YOLOv5s | 82.70 | 79.04 | 13.7 | 16.40 | 9.80 |
| YOLOv8s | 84.60 | 80.65 | 21.4 | 28.60 | 7.01 |
| BTC-YOLOv5s | 84.30 | 80.56 | 15.8 | 17.50 | 8.70 |

在所有模型中，Faster R-CNN 目标检测网络模型的 $mAP@0.5$ 和 $F1-score$ 都低于50%，且模型大小和 $FLOPs$ 过大，导致 $FPS$ 只有0.16张，因此该模型不适合苹果叶片病害实时检测。在单阶段检测模型中，SSD 目标检测网络模型的 $mAP@0.5$ 为71.56%，模型大小为92.1MB，无论是从模型精度还是复杂度上均不符合检测要求。在 YOLO 系列模型中，YOLOv4-tiny 的 $mAP@0.5$ 仅有59.86%，精度过低。最新版本的 YOLOv8s 模型的 $mAP@0.5$ 可达到84.60%，但模型大小为21.4MB，$FLOPs$ 为28.60G，占用过多存储空间和计算资源。而本书提出的 BTC-YOLOv5s 的苹果叶片病害检测模型，可实现与 YOLOv8s 模型相近的 $mAP@0.5$ 和 $F1-score$，并且模型大小和 $FLOPs$ 远小于 YOLOv8s 模型，在实验主机上平均每秒可处理8.70张图片，更有利于将模型部署到移动端设备，满足实际场景下的苹果叶片病害实时检测。

图6-26 是对几种检测模型性能分析的雷达图，从 $mAP$、$Size$、$FLOPs$、$FPS$ 和 $F1$ 这五个方面综合考虑，本书所提出的 BTC-YOLOv5s 的苹果叶片病害检测模型表现最佳，检测精度可与最新版的 YOLOv8s 模型媲美。综上，BTC-YOLOv5s 的苹果叶片病害检测模型整体表现性能良好，可在实际场景中完成准确且高效的苹果叶片病害检测任务。

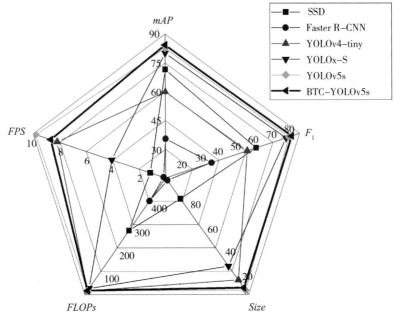

图 6-26　检测模型性能比较

## 七、模型鲁棒性检测

　　在实际生产中，可能存在光照过强、光照不足和拍摄设备像素不高等各种客观环境因素的干扰，这就要求模型具有很强的鲁棒性，在不同噪声环境下都能保证准确识别。本书将测试集图像通过亮度增强、亮度降低和添加高斯噪声来模拟强光、暗光和模糊情况，共得到 1 191 张图像，每种情况下各 397 张。使用改进后的 BTC-YOLOv5s 开展鲁棒性测试，对比模型在不同干扰环境下的检测效果，并额外加入 50 张含多种病害种类的图像来测试模型对并发病的检测效果。测试数据如表 6-18。

表 6-18　鲁棒性测试结果

| 极端条件 | Precision（%） | Recall（%） | mAP@0.5（%） |
|---|---|---|---|
| 强光 | 73.6 | 74.1 | 78.4 |
| 弱光 | 79.2 | 78.0 | 83.6 |
| 模糊 | 78.6 | 82.6 | 85.8 |
| 平均 | 77.1 | 78.2 | 82.6 |

图 6 - 27（见彩插）为随机选择的病害图像对比情况。从检测结果来看，在三种噪声（强光、弱光、模糊）的极端条件下，模型均可对灰斑病、雪花锈病和白粉病图像准确检测，出现漏检情况少。虽然模型能正确识别黑星病病害，但在暗光和模糊情况下出现了一定程度的漏检。这是因为黑星病病斑呈现黑色，在暗光条件下，图像整体的背景与病斑颜色具有相似性，对模型检测造成一定干扰。如图 6 - 27 的第 5 行所示，虽然模型对并发症的图像能实现检测，但在模糊条件下会出现少量漏检的情况。总体来看，BTC - YOLOv5s 的苹果叶片病害检测模型在图像模糊、光线不足等极端条件下依然表现出良好性能，平均 $mAP$ 达 80% 以上，具有较强的鲁棒性。

本章提出的基于 YOLOv5s 模型的改进的 BTC - YOLOv5s 的苹果叶片病害检测模型，旨在解决因苹果叶片病斑形状各异、尺度变化大和分布密集等因素而造成的漏检和错检问题。基于基线模型——YOLOv5s 模型，引入 BiFPN 增加多尺度特征的融合，能提供更多的语义信息；添加 Transformer 模块和 CBAM 能提高提取病害特征的能力，从而整体提高模型的检测性能。结果表明，BTC - YOLOv5s 的苹果叶片病害检测模型在 ALDD 上实现了 84.30% 的 $mAP@0.5$，模型大小为 15.8M，在八核处理器 CPU 设备下检测速度达到每秒 8.70 张，且在极端条件下，依旧能保持良好的性能。改进后的模型病害检测准确率高，对硬件设备要求成本低，检测速度快，可将 BTC - YOLOv5s 的苹果叶片病害检测模型部署到移动设备，实现果园苹果病害的实时监测和智能防治。

## 第四节　病害检测系统开发

为有效协助种植者检测苹果叶片病害，本小节结合移动智能手机的便携性、高清拍摄能力和强大计算能力，基于改进的 BTC - YOLOv5s 模型，开发一个基于 Android 的苹果叶片病害检测系统，为苹果叶片病害的早期干预和治疗提供技术支持。

### 一、系统需求分析

本书旨在开发一个自动检测用户上传图像中的病害种类和位置的移动端系统，并将结果反馈给用户，以便及时进行病害防治措施。经过用户需求调研，该系统应具备以下功能和非功能需求：

### （一）功能需求

（1）检测功能：用户上传苹果叶片疑似病害的图片后，系统调用检测模型，对上传图像进行分析与识别。完成后，系统会立即将检测得出的确切病害类型及其在叶片上的具体位置信息，直观呈现给用户，以供参考和应对。

（2）病害防治功能：系统会根据不同病害种类给出对应的防治措施，帮助用户快速了解防治方法，以此减少损失。

### （二）非功能需求

（1）性能需求：包括精度要求和响应时间。系统的平均检测精度要达到85%左右，以确保对苹果叶片病害的精准检测，为后续精准有效的病害防治提供支持。针对系统主要面向苹果种植者和农业专家的用户群体的情况，要求检测速度应尽可能快（秒级），以满足对病害实时检测的需求。

（2）设备需求：系统应适用于运行 Android 11 及以上版本的所有智能手机，包括但不限于三星、华为、小米等品牌的智能手机。智能手机需支持摄像头功能，内存 3GB 以上，GPU 需要至少支持 OpenGLES 3.0，并且系统应配备 32GB 及以上的显存。

## 二、系统设计

本系统旨在实现苹果叶片病害的实时检测。基于 PyTorch 深度学习技术的框架，系统以本章第三节改进 BTC - YOLOv5s 的苹果叶片病害检测模型作为载体，在 Android 智能手机上进行部署，开发工具为 Android Studio 4.1.2。以下是系统的主要操作流程：

（1）用户启用该系统，进入检测系统的主界面。

（2）点击"选图"按钮，从本地相册上传病害图像。

（3）用户可选择"识别- CPU"或"识别- GPU"按钮，以选择不同处理器调用 BTC - YOLOv5s 的苹果叶片病害检测模型对上传的病害图像进行检测。

（4）检测完成后，识别结果将显示在界面，包括病害的种类和病斑位置。而且也能根据病害种类显示其具体类型与防治措施。

（5）如想继续检测，用户可再次点击"选图"按钮上传下一张病害图像。如想结束检测，用户退出系统界面即可。系统设计流程如图 6 - 28 所示。

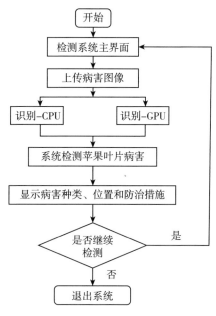

图 6 - 28 系统设计流程

## 三、系统实现

### (一) 开发环境设置

为实现苹果叶片病害检测系统，需将经过训练的模型权重迁移到 Android 11 的应用程序中。由于深度学习技术——NCNN 框架在移动端具有实时性和便捷性，所以选择 NCNN 框架进行模型移植。NCNN 框架独立于任何第三方库，以其强大的兼容性和精简性的特点而著称。基于 NCNN 框架，开发者可以高效地将基于 Tensorflow、PyTorch 等框架的深度学习技术移植到手机端，实现人工智能应用的开发。

应用系统是在 Windows 10（64 位）操作系统下使用 Android Studio 4.1.2 开发的。运行测试设备包括 HONOR20 Pro、HUAWEI P30 Pro 和 VI-VO X90 三种型号的智能手机。开发环境配置如表 6 - 19 所示。

表 6 - 19　开发环境配置

| 开发环境 | 版本或参数 |
| --- | --- |
| 操作系统 | Windows 10（64 位） |

| 开发环境 | 版本或参数 |
|---|---|
| CPU | AMD Ryzen 7 5 800H 八核处理器主频（3.20GHz） |
| 编程语言 | Java、Python3.8 |
| JDK | jdk1.8.0_381 |
| 运行平台 | Android 11 |

**（二）模型部署**

将训练好的苹果叶片病害检测模型部署到移动端设备需要完成以下两个步骤：①权重文件格式转换；②将模型部署至移动端。模型部署的具体流程如下：

（1）权重文件格式转换，总共需要进行两次格式转换，第一次是将 .pt 文件转换为 .onnx 文件，第二次是将 .onnx 文件转换为 NCNN 格式的文件，即模型结构文件——.param 和模型权值文件——.bin。将自定义检测模型训练完成后，需借助一个中介工具来实现不同框架之间的转换，这里使用 onnx 依赖库作为中介。在 Pycharm 中安装 onnx 依赖库，通过将 eport.py 代码中 data 和 weights 的值修改为 BTC - YOLOv5s 的苹果叶片病害检测模型所对应的数据和权重路径，来实现格式转换。执行代码后，在 best.pt 的同级目录下会生成三种不同的权重文件，实验所需要的则是 best.onnx。紧接着，利用工具 onnx - simplifier 来对 onnx 进行简化处理，从而获得 best - sim.onnx 文件，完成首次的格式转换。随后，进行第二次格式转换，首先安装 protobuf 依赖库，再编译 ncnn，其主要目标是生成转换工具。在编译和安装完毕之后，可以借助转换工具——onnx2ncnn 进行数据转换，最终生成 .param 和 .bin 的 NCNN 格式的模型文件。

（2）将模型部署至移动端，首先，将生成的 NCNN 格式的模型文件放在 Android Studio 4.1.2 中的 assets 文件夹下。然后，打开并编辑 .param 文件，将 Reshape 后面对应的 0=10 816、0=2 704 和 0=676 都改为 0=−1，以防止在 Android 11 移植后检测结果出现重复多余的框。再次，将 yolov5ncnn_jni.cpp 代码中 yolov5.load_param（）和 yolov5.load_model（）改为 BTC - YOLOv5s 的苹果叶片病害检测模型所对应的 .param 文件名和 .bin 文件名。又次，stride 16 和 stride 32 的 blob_name 值也需与 .param 文件中两个 Permute 节点的 output 值相对应。最后，根据苹果叶片病害标签设置 class names

为对应的 frog、scab、powdery、rust，再保存文件。

在上述操作之后，通过 USB 连接将生成的 APK 文件传输到手机端。需注意测试设备应开启开发者选项中的 USB 调试模式，待电脑连接上测试设备后，执行程序，即可将模型成功部署到移动端设备。这之后，将生成一个大小为 27.6MB 的 .apk 安装包，用户可通过智能手机进行下载并安装，完成整个过程。

### 四、系统功能与性能测试

#### （一）软件效果展示

苹果叶片病害检测系统的主页面如图 6 - 29 所示，总共包含三个按钮，分别是"选图""识别-CPU"和"识别-GPU"。

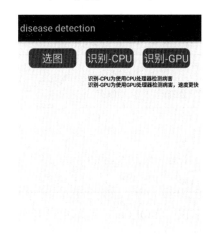

图 6 - 29　苹果叶片病害检测系统主页面

用户进入主页面后，可通过点击"选图"按钮从本地相册中上传病害图像，上传完成后，图像会显示在页面下方。用户通过点击"识别- CPU"或"识别- GPU"按钮来自主选择不同处理器，系统会自动调用 BTC - YOLOv5s 的苹果叶片病害检测模型来进行检测。

四种病害图像的检测效果如图 6 - 30 所示（见彩插），检测结果会直接显示在病害图中，除了病害种类外，还包括病害的位置、预测概率，以及相对应的病害防治措施。根据检测结果，用户可及时地做出防治措施。

#### （二）系统性能测试

模型部署完成之后，需要对系统进行性能测试，以保证模型检测效果。实验选择三个不同品牌的智能手机，并随机选取四种病害各 25 张苹果叶片病害图像进行测试，通过统计 $Accuracy$ 和单张图片检测时间来测试系统的精度和检测速度。

由表 6-20 可知，HONOR20 Pro 在 CPU 处理器下具有最高的 $Accuracy$，达到 85.3%。而 VIVO X90 在 GPU 处理器下表现出最快的检测速度，单张图片检测时间仅为 0.098s。前两个测试设备于 2019 年上市，搭载麒麟 980 八核处理器，而最后一款测试设备于 2022 年末上市，使用天玑 9 200 八核处理器，这款处理器性能更佳，计算能力更强，故后者的检测时间更短，速度更快。从三个测试设备的平均统计结果来看，在 CPU 处理器下，$Accuracy$ 平均为84.6%，单张图片检测时间为 0.277s；在 GPU 处理器下，$Accuracy$ 为84.0%，单张图片检测时间平均为 0.272s。综上，不同设备的测试结果均能达到预期效果，均可满足苹果种植者的需求。

表 6-20　检测结果统计

| 测试设备 | $Accuracy$（%） | | 单张图片检测时间（s） | |
| --- | --- | --- | --- | --- |
| | CPU 处理器 | GPU 处理器 | CPU 处理器 | GPU 处理器 |
| HONOR20 Pro | 85.3 | 84.3 | 0.285 | 0.359 |
| HUAWEI P30 Pro | 84.3 | 83.3 | 0.290 | 0.360 |
| VIVO X90 | 84.3 | 84.3 | 0.256 | 0.098 |
| 平均 | 84.6 | 84.0 | 0.277 | 0.272 |

本小节利用提出的 BTC-YOLOv5s 的苹果叶片病害检测模型，开发基于 Android 11 的苹果叶片病害检测系统。首先，需求分析明确了系统功能与非功能需求，随后根据需求设计了系统的整体流程。然后，介绍了 Android 11 开发所需的环境配置以及将模型部署到移动端的详细过程。最后，通过对系统的效果展示和性能测试，验证了该系统在准确性和效率方面的优越表现。综上所述，基于 Android 11 的苹果叶片病害检测系统能够在自然场景下快速、精准地检测病害，为果园实际应用提供可行的解决方案。

# 第五节　小　　结

针对自然场景下苹果叶片病害图像病斑形状各异、背景复杂、病害识别准确率有待提高以及模型不够轻量化的问题，本书选取四种常见的苹果叶片病害作为研究对象，并以苹果叶片病害自动分类和定位检测为主要研究目标，运用图像处理和深度学习技术构建病害分类与实时检测模型，极大地提升了识别精度和效率，满足苹果种植者对病害的准确、快速、低成本识别的需求。本章的主要研究内容总结如下：

（1）数据集构建。目前大多数苹果叶片病害识别研究都存在图像背景简单的问题，为此本书选择实地苹果果园作为采集地点，使用智能手机拍摄苹果黑星病、灰斑病、雪花锈病和白粉病四种病害图像，并添加部分公开数据集作为补充数据。经过人工筛选去除质量低且冗余的图像后，最终共挑选出 2 556 张苹果叶片病害图像，组成苹果叶片病害原始数据集。对原始图像进行旋转 90°、亮度增强、对比度增强、饱和度增强和添加高斯噪声操作，将数据扩充至原始数据集的 6 倍，最终共得到 15 336 张病害图像，构建分类数据集。在此基础上对原始图像进行标注，构建 VOC 格式的检测数据集。

（2）基于 ResNet101 的苹果叶片病害分类模型研究。以 ResNet101 作为基线模型，使用 SGD 优化器、Adam 优化器两种优化器和不同学习率的组合对 ResNet101 进行调参，最终 SGD 优化器和初始学习率为 0.01 的组合的模型识别准确率最高，达到 96.41%。并引入 ECA 模块，比较不同注意力模块嵌入方式的识别效果。实验结果表明，ECA 模块嵌入残差模块的方式识别效果最好，获得了最高的 $Accuracy$、$Precision$ 和 $Recall$，分别为 97.03%、97.10% 和 97.05%。与其他经典模型相比，构建的 ECA - ResNet101 模型获得了最高的 $Accuracy$，为 97.03%，分别比 AlexNet、VGG - 16、ConvNeXt、MobileNetV2 和 MobileVit - xs 高出 3.29%、1.79%、7.44%、0.65% 和 1.01%。在识别效率方面，ECA - ResNet101 模型推理一张苹果叶片病害图像平均仅需 122.64ms。

（3）基于 YOLOv5s 模型的自然场景苹果叶片病害实时检测。首先基于基线模型——YOLOv5s 模型，利用 BiFPN 更高效地实现多尺度特征融合；然后添加 Transformer 模块获取更多的上下文语义信息，提高提取病害特征的能力；最后，添加 CBAM，突出病害检测任务中的有效信息，整体提高模型的检测性能。验证模型对四种单独病害以及不同病斑密集程度下的 $AP$，灰斑病获得最高的 $AP$ 92.9%，在病害稀疏和密集情况下模型的 $mAP@0.5$ 分别为 87.3% 和 81.4%。通过消融实验证实了不同的优化模块对于模型算法的高效性。分别添加 BiFPN、Transformer 和 CBAM 这三个优化模块后，$Precision$ 和 $mAP@0.5$ 相比于基线模型——YOLOv5s 都有所提高。最终三个优化模块的组合达到最佳效果，$Precision$、$mAP@0.5$ 和 $mAP@0.5\sim0.95$ 都达到最高，分别比基线模型提高了 $5.7\%$、$1.6\%$ 和 $0.1\%$，优于其他改进模型。将构建的 BTC - YOLOv5s 的苹果叶片病害检测模型与目前主流的检测模型作对比，可实现与 YOLOv8s 模型相近的 $mAP@0.5$，达 $84.30\%$，并且模型大小和 $FLOPs$ 远小于 YOLOv8s 模型，模型大小为 $15.8$M，在八核处理器 CPU 设备下检测速度达到每秒 $8.70$ 张。从检测精度、模型大小、计算量和检测速度这四个方面综合考虑，本书所提出的 BTC - YOLOv5s 的苹果叶片病害检测模型表现最佳。并且在并发症和极端条件下，模型可达到 $80\%$ 以上的 $mAP$，这表明模型具有很强的鲁棒性。比如在强光、暗光和模糊等强干扰的极端条件下，模型依旧能保持良好的性能。

本书针对苹果叶片病害、病斑尺度不一、形状各异、识别准确率较低等问题展开了研究，聚焦于苹果叶片病害数据集的构建、病害的分类识别以及病害的实时检测三大领域，并开发了一个移动端病害检测系统，初步收获了积极的研究成果。但研究仍有提升空间，拟在后续研究中进一步改进：首先，本章数据集仅包含四种常见苹果叶片病害类型，且未对病害发病阶段进行细分。为弥补这一不足，后续研究计划纳入更多种类的病害图像，涵盖各个病害的初期、中期和晚期阶段，以全方位展现不同病害特征。此外，还将通过计算病害区域面积来设定阈值标准，实现病害严重程度的定量评估和精细化分级检测。同时，鉴于苹果种植实践中果实和主干亦可能遭受病害侵扰，未来的研究将进一步拓宽研究范围，整合构建覆盖叶片、果实和主干等不同部位病害的综合性苹果病害检测模型，旨在提高更为全面的病害识别能力，为果农提供更具针对性的病害干预与防治建议。其次，病害密集情况下模型准确率尚需提升。对数据集按病害密集程度进行划分后，发现在密集情况下模型准确率较低，特别是对于黑星病，由于其不规则且无明显边界的病斑形状，所以模型检测存在较高错误率。未来研究应更深入地探讨黑星病，采用专门的方法提高模型对其检测的准确性，从而在病害密集情况下取得更好的检测结果。最后，要不断进行多模态信息融合。模型应考虑结合多模态信息，如红外图像或者多光谱数据，以提高模型对苹果叶片病害的综合识别能力。

# 第七章 智慧农业中深度学习发展趋势和前景展望

智慧农业正蓬勃发展，融合深度学习技术展现出巨大潜力。面对技术革新与产业升级的机遇，同时也面临数据整合与应用推广的挑战。本章将总结当前智慧农业中的深度学习发展现状与趋势，探讨面临的机遇与挑战，并提出发展对策与建议，为智慧农业的未来发展指明方向。

## 第一节 基于深度学习的智慧农业发展现状与趋势

基于深度学习的智慧农业作为现代农业发展的重要方向，正通过不断的技术创新和应用实践，推动农业生产的智能化、精准化和高效化。本书前几个章节系统性地总结了人工智能相关概念及其发展、深度学习的构架与关键技术及其应用，并利用五个章节深入介绍了笔者近十年在深度学习技术的农业应用领域所做的科学研究，尤其是在作物生育期识别、作物成熟期估产、作物病害监测与分级分类等方面的各类实践与应用成果。本节将从智慧种植、智慧植保、精准估产等方面，分析并总结智慧农业的发展现状与趋势。

### 一、智慧种植发展现状

基于深度学习的作物种植与管理是现代农业发展的重要趋势，它利用深度学习算法对作物的生长环境、生长数据等信息进行深度分析和处理，以实现对作物种植与管理的智能化、精准化和高效化。

#### （一）作物种植决策

作物种类推荐：深度学习模型可以根据土壤类型、气候条件、历史种植数据等多维度信息，为农民推荐适合当地种植的作物种类。这有助于农民根据市场需求和资源条件，科学选择种植作物，提高经济效益。

种植时间优化：通过分析历史气候数据、作物生长周期等信息，深度学习模型可以预测最佳的作物种植时间，帮助农民避开不利的气候条件，提高作物成活率和产量。

## （二）作物生长管理

智能化农田管理系统：利用物联网技术和深度学习算法，可以建立智能化的农田管理系统。该系统能够实时监测农田的土壤湿度、气温、光照等环境参数，为农民提供精准的农田管理建议，如灌溉、施肥、除草等。

作物生长监测与预测：深度学习技术可以实现对作物生长过程的实时监测和预测。通过分析作物的生长数据、遥感影像等信息，深度学习模型可以预测作物的生长趋势、产量潜力等，为农民提供科学的管理决策依据。

精准施肥与灌溉：深度学习模型可以根据作物的养分需求和水分需求，结合土壤和气象等数据，为农民提供精准的施肥和灌溉方案。这有助于减少农药和水资源的浪费，提高土壤的养分利用效率和作物的产量。

## （三）智能化辅助决策

数据分析与挖掘：深度学习技术可以对大量的农业数据进行深度分析和挖掘，发现数据之间的潜在关系和规律。这有助于农民更好地理解作物的生长过程和市场变化，为制定科学的种植和管理策略提供依据。

智能化建议生成：基于深度学习的数据分析结果，系统可以自动生成智能化的管理建议。这些建议包括作物种植时间、种植密度、灌溉量、施肥量等方面的调整和优化方案，帮助农民实现精细化管理和高效生产。

## （四）未来展望

随着深度学习技术的不断发展和完善，基于深度学习的作物种植与管理将迎来更加广阔的发展前景。未来，我们可以期待更多创新性的深度学习模型和方法被应用于农业领域，如基于卷积神经网络的作物果实识别与估产、基于生成对抗网络（GAN）的作物生长模拟、基于迁移学习的跨作物种植管理模型等。同时，随着农业物联网、大数据等技术的融合应用，作物种植与管理将实现更加全面、智能和高效的监测与管理。这将有助于推动农业生产的可持续发展和农业智能化水平的提高。

## 二、智慧植保发展现状

基于深度学习的农业植保是现代农业技术的一个重要应用领域，利用深度学习技术来提升农作物病虫害的识别、监测、预警及防控能力，从而实现农业生产的智能化、绿色化和高效化。

## （一）深度学习在农业植保中的应用

病虫害识别与分类：深度学习技术通过训练模型，能够实现对农作物病虫害图像的自动识别与分类。这不仅可以大大提高识别的准确率和效率，还能帮助农业从业者及时发现并处理病虫害问题，减少农药的过量使用，保护生态环境。例如，采用 VGG、FasterNet、ResNet、YOLO 等深度学习模型，可对植物叶片病斑进行准确定位和分类，识别准确率可达到 95％以上。

病虫害监测与预警：深度学习技术可以结合无人机、遥感等现代技术，对农田进行实时监测，收集农作物的生长数据和病虫害信息。通过对这些数据的分析，可以建立病虫害预警模型，提前预测病虫害的发生趋势，为农业从业者提供及时的防控建议。智能化的病虫害监测系统还可以根据农作物的生长阶段和气候条件，动态调整监测策略和预警阈值，提高预警的准确性和及时性。

精准施药与防控：基于深度学习的病虫害识别技术，可以实现病虫害的精准定位，从而指导农民进行精准施药。这不仅可以减少农药的浪费和残留，还能降低其对环境的污染，提高农产品的质量和安全性。同时，深度学习技术还可以结合气象、土壤等环境因素，为农业从业者提供个性化的病虫害防治方案，提高防控效果。

## （二）深度学习在农业植保中的优势

提高识别准确率：深度学习技术通过大量数据的训练，能够学习到更加复杂的特征表示，从而提高病虫害识别的准确率。

提升监测效率：无人机、遥感等现代技术与深度学习相结合，可以实现农田的实时监测和数据收集，大大提高了监测的效率和覆盖面。

实现精准防控：基于深度学习的病虫害识别技术，可以实现病虫害的精准定位和分类，为农业从业者提供精准的防控建议，减少农药的浪费和残留。

促进农业可持续发展：深度学习技术在农业植保中的应用，有助于推动农业生产的绿色化、智能化和高效化，促进农业可持续发展。

## （三）未来展望

随着深度学习技术的不断发展和完善，其在农业植保中的应用前景将更加广阔。未来，我们可以期待更多创新性的深度学习模型和方法被应用在农业植保领域，如基于生成对抗网络的病虫害图像生成、基于迁移学习的跨作物病虫害识别等。同时，随着农业物联网、大数据、知识图谱、大模型等技术的融合应用，农业植保将实现更加全面、智能和高效的监测与管理。

### 三、精准估产发展现状

基于深度学习的作物估产是近年来农业科学领域的一个研究热点，它利用深度学习算法对作物的生长数据、遥感影像等信息进行处理和分析，以实现对作物产量的精确预测。

#### （一）深度学习在作物估产中的应用

遥感技术：遥感技术因其覆盖范围广、重访周期短、数据获取成本相对较低等优势，在作物估产中扮演着重要角色。遥感数据可以提供作物的植被指数、生物物理参数和生长环境参数等关键信息。这些信息是作物估产的重要依据。

地面观测数据：包括田间试验数据、作物生长模型输出数据等。这些数据可以提供作物生长的详细信息，用于训练和优化深度学习模型。

深度学习模型：卷积神经网络（CNN）是一种常用的深度学习模型，它擅长处理图像数据。在作物估产中，CNN 可以用于处理遥感影像，提取作物的植被指数、冠层结构等特征，进而预测作物产量。循环神经网络（RNN）及其变体（如 LSTM）等模型擅长处理序列数据，可以捕捉作物生长过程中的时间相关性。在作物估产中，这些模型可用于分析作物生长趋势，预测未来的产量。

混合模型：为了充分利用不同模型的优势，研究者们还提出了混合模型，如多种神经网络模型的结合，以同时捕捉作物的空间特征和时间特征，提高估产的准确性。

数据增强与预处理：由于深度学习模型对训练样本的要求较高，所以数据增强技术被广泛应用在作物估产方面。通过旋转、缩放、裁剪等方法，可以扩充训练样本集，提高模型的泛化能力。数据预处理也是作物估产中不可或缺的环节，包括数据的去噪声、BN 归一化、特征选择等步骤，确保模型能够准确地从数据中学习到有用的信息。

#### （二）深度学习在作物估产中的优势

提高估产精度：深度学习模型能够自动从大量数据中学习复杂的特征表示，从而提高作物估产的精度。

减少人工干预：传统的作物估产方法需要大量的人工参与，如田间调查、样本采集等。而深度学习模型可以自动处理和分析数据，减少人工干预和工作量。

实时性与动态性：深度学习模型可以实时处理遥感数据等数据，提供动态的作物估产信息，有助于农业从业者和管理部门及时调整种植策略和管理措施。

### （三）未来展望

随着深度学习技术的不断发展和完善，基于深度学习的作物估产将迎来更加广阔的发展前景。未来，我们可以期待更多创新性的深度学习模型和方法被应用于作物估产领域，如基于多模态大模型的作物估产模型、基于迁移学习的跨作物估产模型等。同时，随着农业物联网、知识图谱、大模型、大数据等技术的融合应用，作物估产将更加全面、智能和高效。总之，基于深度学习的作物估产为农业生产提供了有力的技术支持和决策依据，有助于推动农业生产的智能化、绿色化和高效化。

## 四、科学育种发展现状

基于深度学习的科学育种是现代农业技术的一个重要方向，它利用深度学习算法对作物的遗传信息、生长数据等进行深度分析和处理，以实现对作物育种过程的智能化、精准化和高效化。

### （一）深度学习在科学育种中的应用

全基因组选择（Genome‐Wide Selection，GWS）是一种基于全基因组信息的育种技术，它通过分析作物的基因组数据，构建预测模型，来估计育种值并进行早期个体的预测和选择。这种技术能够缩短育种世代间隔，加快育种进程，节约成本，推动现代育种向精准化和高效化方向发展。

深度学习的应用：深度学习算法在全基因组选择中发挥了重要作用。相较于传统的线性回归模型，深度学习模型（如卷积神经网络、循环神经网络等）具有分析复杂非加性效应的能力，能够捕捉基因型和表型间的复杂关系，从而提高全基因组预测的准确度和效率。例如，中国农业科学院作物科学研究所等研究团队提出的基于深度学习的全基因组选择新方法，通过利用多组学习数据，有效降低了模型错误率，提高了运行速度，并在大规模数据集上表现出更明显的预测优势。

表型研究：表型是作物遗传信息与环境因素相互作用的结果，是育种过程中重要的评价指标。深度学习技术在计算机视觉领域取得了突破性进展，已经被广泛应用在农作物的表型研究方面。深度学习模型可以通过处理作物的图像数据，自动识别和测量作物的表型性状，如株高、叶面积、果实大小等。这不仅可以减少人工测量的工作量和误差，还可以实现高通量的表型数据收集和分析，为育种过程提供精准的表型数据支持。

遗传变异分析：遗传变异分析是作物育种的重要基础，它决定了作物的遗传多样性和适应性。深度学习技术可以通过分析作物的基因组序列数据，识别出与重要农艺性状相关的遗传变异位点，为育种过程提供有价值的遗传信息。深度学习模型可以学习复杂的遗传变异模式，并预测这些变异对作物性状的影响。这有助于育种专家更准确地选择和利用有利的遗传变异，加速育种进程。

（二）深度学习在科学育种中的优势

提高预测精度：深度学习模型能够捕捉复杂的非线性关系，从而提高全基因组预测和表型研究的精度。

加速育种进程：通过早期个体的预测和选择，深度学习技术可以缩短育种世代间隔，加速育种进程。

降低成本：深度学习技术的应用可以减少人工测量和数据分析的工作量，降低育种成本。

促进育种智能化：深度学习技术为育种过程提供了智能化的工具和平台，推动了育种工作的自动化和智能化发展。

（三）未来展望

随着深度学习技术的不断发展和完善，基于深度学习的科学育种将迎来更加广阔的发展前景。未来，我们可以期待更多创新性的深度学习模型和方法被应用于育种领域，如基于生成对抗网络的遗传变异模拟、基于迁移学习的跨作物育种模型等。同时，随着农业物联网、大数据、多模态大模型、知识图谱等技术的融合应用，科学育种将更加全面、智能和高效，为现代农业的发展注入新的动力。

# 第二节 基于深度学习的智慧农业发展面临的机遇与挑战

基于深度学习技术的智慧农业发展在当前科技和社会背景下既面临着诸多机遇，也面临着一些挑战。

## 一、基于深度学习的智慧农业发展机遇

深度学习作为人工智能的一个重要分支，其自动学习特征、无需人工手动

提取特征的特点，使其在图像识别、语音识别、自然语言处理等方面取得了显著成果，也为智慧农业中的作物病害检测、病虫害预警、作物生育期识别、作物成熟期估产等提供了可能和机遇。

### （一）技术创新推动力

物联网、5G通信、大数据、人工智能等技术的不断成熟和广泛应用，为智慧农业提供了强大的技术支持。例如，通过传感器网络可以实时监测土壤湿度、温度、气象等参数，实现精准灌溉，提高农业生产效率。

### （二）政策支持

各国政府为了推动农业现代化和可持续发展，相继出台了一系列政策，支持智慧农业的发展。例如，中国在"十四五"规划中明确提出要加快数字乡村建设，推进智慧农业发展。政府的政策支持不仅体现在资金投入上，还包括技术标准制定、培训与推广等方面，为智慧农业的全面实施提供了坚实保障。

### （三）市场需求增长

随着全球人口的增长和生活水平的提高，人们对高质量农产品的需求不断增加。同时，消费者对食品安全和溯源的关注也在不断增强。智慧农业通过全程监控和数据记录，可以保证农产品从生产到销售的各个环节都可追溯，满足市场需求。

### （四）环境保护要求

现代农业面临环境污染和资源浪费的问题，智慧农业通过精准化管理可以有效减少化肥、农药的使用，降低对环境的负荷。同时，通过合理的资源配置和利用，可以提高土地、水资源的利用效率，推动农业的可持续发展。

## 二、基于深度学习的智慧农业面临的挑战

基于深度学习的智慧农业在推动农业现代化、提高生产效率和质量方面展现出了巨大的潜力，但同时也面临着多方面的挑战。

### （一）技术集成与应用难度

尽管基于深度学习的智慧农业技术已经取得了显著进展，但如何将这些技术集成并应用到实际农业生产中，仍然存在着很大的困难。首先，智慧农业需要大量的、高质量的农业生产数据，但现实中往往存在数据稀缺、不均衡的问题。尤其是在某些特定作物或生产环节中，数据缺少、格式不统一，以及数据类型多样化，包括图像、视频、文本以及其他特殊格式数据等，如何有效处理这些多模态数据是一个重要挑战。其次，作物种类与种植环境多种多样，深度

学习算法需要具有良好的适应性，以应对不同的生产场景和需求。最后，不同技术之间的兼容性和协调性问题尚待解决，农业生产环境复杂多变，技术的稳定性和适应性需要进一步提升。

### （二）数据安全和隐私保护

在智慧农业的推进过程中，数据安全与隐私保护构成了不可或缺的考量因素。鉴于农业生产数据涉及敏感性数据，确保其不被非法利用、泄露或篡改，是智慧农业信息化建设中的核心议题之一。具体而言，从农业生产数据的收集、存储到传输的各个环节，均须采取严密的安全措施，以应对数据隐私泄露和安全性受损的重大挑战，从而保障农业数据资产的安全性与完整性。

### （三）高成本问题

深度学习模型的训练需要大量的计算资源，包括高性能的 GPU 处理器和大量的存储空间。智慧农业的建设和运营需要投入大量的资金，包括传感器设备、数据处理系统、无人机等硬件设施，以及后续的维护和更新。这对于许多中小型农场来说，是一笔不小的开支。如何降低软硬件成本，使更多农业从业者能够承受并使用智慧农业的相关技术，是一个亟待解决的问题。

### （四）专业人才缺乏

智慧农业的研发、推广和应用需要大量具有农业知识和信息技术能力的复合型人才。然而，目前这类专业人才相对缺乏，很多从业者对新技术的接受和应用能力有限。如何培养和引进专业人才，进行有效的技术培训，是智慧农业发展过程中面临的一大挑战。

### （五）传统观念阻碍

许多农民对于新技术的接受度较低，仍习惯于依靠经验和传统方法进行耕作，对智慧农业持怀疑态度。这种观念上的阻碍影响了智慧农业的推广和普及，需要通过政策引导、示范项目、成功案例等方式逐步改变从业者的认知和接受度。

综上所述，基于深度学习的智慧农业发展在技术创新、政策支持、市场需求和环境保护等方面面临着诸多机遇，但在技术与数据标准化、技术集成、成本控制、人才培养、数据安全和传统观念负面影响等方面也面临着挑战。只有克服以上所述挑战，才能推动智慧农业的持续健康发展。

## 第三节　基于深度学习的智慧农业发展对策与建议

本节从核心技术发展、标准制定、智慧农业人才培养、智慧农业技术产业化建议四个方面对基于深度学习的智慧农业发展的对策与建议进行详细阐述。

## 一、核心技术发展

基于深度学习的智慧农业，是当前农业科技领域的一个重要趋势。深度学习作为人工智能的一个重要分支，通过模拟人脑神经网络的工作原理，实现对大规模数据的高效分析和处理，为智慧农业的发展提供了强大的技术支持。

### （一）深度学习在智慧农业中的核心技术

图像识别与分类：深度学习技术，特别是卷积神经网络（CNN），在图像识别领域取得了显著成果。在智慧农业中，该技术可用于农作物的自动识别、病虫害诊断以及病斑分类识别等。通过训练模型，系统能够准确区分不同种类的农作物、及时发现病虫害问题，为农业从业者提供精准的治理建议。

生长预测与管理：利用深度学习算法，可以对大量历史种植数据进行学习和分析，建立作物的生长预测模型。这些模型能够综合考虑作物生长环境、气象条件、土壤状况等因素，预测未来一段时间内作物的生长情况，并提供相应的管理建议。这有助于农业从业者更加科学地管理和调控作物的生长过程，提高农作物的生长效益。

精准施肥和灌溉：深度学习技术能够通过对作物、土壤和气象等数据的分析，精准判断作物的养分和水分需求。基于此，可以优化施肥和灌溉方案，实现精准施肥和灌溉，减少农药和水资源的浪费，提高土壤的养分利用效率和作物的产量。

病虫害预警和防控：深度学习技术还能用于病虫害的预警和防控。通过对大量历史数据的学习和分析，建立病虫害的预警模型。通过实时监测农作物的生长环境和气象等信息，与预警模型进行比对，及时发现病虫害的风险和预警，以便农业从业者采取相应的防控措施，减少作物的损失。

### （二）核心技术发展趋势

数据驱动的决策优化：随着农业物联网技术的普及和大数据技术的发展，农业生产过程中将产生更多的高质量数据。深度学习技术将进一步挖掘这些数据的价值，为农业生产提供更加精准的决策支持。通过不断学习和优化模型，深度学习将能够更准确地预测作物的生长情况、病虫害发生概率等，为农民提供更加科学的种植建议。

算法创新与应用拓展：为了应对智慧农业中的复杂问题，深度学习算法将不断创新。例如，针对数据不均衡、数据缺失等问题，研究人员将开发更加具有鲁棒性的算法；针对多模态数据处理的需求，将研究多模态深度学习模型等。同时，深度学习技术将在更多农业领域得到应用拓展，如智能农机、农产品质量检测等。

模型优化与计算效率提升：为了满足智慧农业对实时性和准确性的要求，深度学习模型将不断优化。研究人员将致力于降低模型的复杂度、提高计算效率，并开发更加高效的训练算法。此外，随着硬件技术的发展（如 GPU 处理器、TPU 加速器等的普及），深度学习模型的训练速度和推理速度将得到进一步提升。

多技术融合与协同发展：智慧农业是一个复杂的系统工程，需要多种技术的协同支持。深度学习技术将与物联网、大数据、云计算、人工智能等其他技术深度融合，共同推动智慧农业的发展。例如，通过农业物联网技术实现数据的实时采集和传输；通过大数据技术实现数据的存储和分析；通过云计算技术提供强大的计算能力和存储能力；通过人工智能技术实现智能化决策和自动化控制等。

## 二、标准制定

加强智慧农业相关标准制定是推动智慧农业规范化、标准化发展的重要举措。以下是一些关于加强智慧农业相关标准制定的建议。

### （一）明确标准制定的目标和原则

目标：制定一套科学、合理、实用的智慧农业标准体系，覆盖智慧农业的技术、产品、服务、管理等方面，为智慧农业的推广和应用提供技术支撑和保障。

标准制定应基于科学研究和实践经验，确保标准的准确性和可靠性。标准应贴近农业生产实际，具有可操作性和可实施性。制定标准需考虑未来技术的发展趋势和市场需求，确保标准具有一定的前瞻性和引领性。同时，鼓励多方参与，广泛征求意见，确保标准的公正性和权威性。

### （二）完善标准制定的组织架构和流程

组织架构：成立智慧农业标准制定工作组或专家委员会，负责标准制定的组织、协调和推进工作。邀请科研机构、高校、企业、行业协会等多方代表参与，形成多元化的标准制定团队。

流程：确定标准制定的需求和方向，明确标准的适用范围和主要内容。开展调研和数据分析，收集国内外相关标准和技术资料。组织专家讨论和论证，形成标准草案。广泛征求意见和建议，对标准草案进行修改和完善。提交相关部门审批和发布，确保标准的合法性和有效性。

### （三）加强关键领域的标准制定

大数据与人工智能：制定智慧农业的大数据采集、处理、分析和应用的标准，以及人工智能技术在苗情监测、病虫害识别、精准施肥等方面的应用标准。

物联网技术：制定物联网技术在智慧农业中的应用标准，包括数据传输、接口要求、设备互联互通等方面的标准。

智能装备：制定智能农机装备、智能灌溉系统、智能温室等智能装备的技术标准和操作规范。

农产品质量安全：制定农产品质量安全追溯体系、农产品质量检测等方面的标准，确保农产品的质量和安全。

### （四）推动标准的实施和监督

宣传培训：加强智慧农业标准的宣传和培训，提高农民和相关从业人员的标准意识和应用能力。

示范推广：通过建设智慧农业示范园区、开展智慧农业示范项目等方式，展示标准的应用效果和推广价值。

监督检查：建立智慧农业标准的监督检查机制，对标准的实施情况进行定期检查和评估，确保标准的落实和执行。

### （五）加强国际合作与交流

参与国际标准制定：积极参与国际智慧农业标准的制定和修订工作，提升我国在国际智慧农业标准领域的话语权和影响力。

引进国外先进标准：引进和借鉴国外先进的智慧农业标准和技术，推动我国智慧农业标准的不断完善和提升。

综上所述，加强智慧农业相关标准制定是推动智慧农业规范化、标准化发展的重要手段。通过明确标准制定的目标和原则、完善标准制定的组织架构和流程、加强关键领域的标准制定、推动标准的实施和监督以及加强国际合作与交流等措施的实施，可以推动我国智慧农业标准的不断完善和提升，为智慧农业的推广和应用提供坚实的技术支撑和保障。

## 三、智慧农业人才培养

加强智慧农业专业教育与专业人员技能提升：

## （一）加强教育投入与专业建设

加大教育投入：政府应加大对农业教育的投入，提高教师的专业素养和教学水平，为智慧农业人才培养提供坚实的师资力量。

设立智慧农业相关专业：高校应根据智慧农业的发展需求，设立智慧农业相关专业，如智慧农业技术、农业信息化等，培养具备跨学科知识和技能的复合型人才。

优化课程设置：在课程设置上，应注重理论与实践相结合，增设与智慧农业相关的课程，如物联网技术、大数据分析、深度学习、知识图谱与大模型、农业机器人技术等，以提升学生的专业素养和技能水平。

## （二）加强实践教学与实习基地建设

加强实践教学：高校应加强实践教学环节，通过实验、实习、课程设计等方式，提高学生的实践能力和创新能力。同时，可以与企业合作，建立校外实习基地，让学生能够在真实的环境中学习和掌握智慧农业技术。

建立智慧农业实习基地：政府可以主导或支持建立智慧农业实习基地，为学生提供实践学习的平台。实习基地可以涵盖智慧农业的各个领域，如智能温室、精准灌溉、病虫害监测等。

## （三）推动职业培训与技能提升

加强职业培训：政府可以组织针对农民和农业从业人员的职业培训，提高他们的智慧农业技术水平。培训内容可以包括智慧农业技术基础知识、操作技能、管理知识等。

鼓励自我学习：鼓励从业者注重自我学习，不断关注行业动态和技术发展，保持对新技术的敏感度和学习热情。从业者可以通过在线课程、研讨会、技术交流会等方式进行学习。

## （四）促进产学研合作与国际交流

产学研合作：加强高校、科研机构与农业企业之间的合作，共同推进智慧农业技术的研发和应用。通过产学研合作，可以加快科技成果的转化，推动智慧农业技术的普及和推广。

国际交流：加强与国际智慧农业机构的合作与交流，引进国外的先进经验和技术，共同推进智慧农业的发展。同时，也可以通过国际交流，推广我国的农业技术应用，提升我国智慧农业的国际影响力。

## （五）政策支持与资金保障

政策支持：政府应出台相关政策，明确智慧农业人才培养的目标、任务、措施和保障机制，为智慧农业人才培养提供政策保障。

资金保障：政府应设立专项资金，用于支持智慧农业人才培养、科研创新、技术推广等方面的工作。同时，也可以引导社会资本进入智慧农业领域，通过 PPP 等模式促进智慧农业人才培养和就业。

### 四、智慧农业技术产业化建议

加快智慧农业技术产业化应用是当前农业发展的重要方向，对于提高农业生产效率、保障农产品质量、推动农业现代化具有重要意义。加快智慧农业技术产业化应用的建议如下：

#### （一）加强技术创新与研发

加大研发投入：政府和企业应加大对智慧农业技术的研发投入，支持科研机构、高校和企业开展关键技术攻关和产品研发，推动技术创新和成果转化。

促进产学研合作：加强科研机构、高校和企业之间的合作，建立产学研协同创新机制，共同推进智慧农业技术的研发和应用。通过合作，可以实现资源共享、优势互补，加速技术成果的产业化进程。

#### （二）完善政策支持与引导

制定扶持政策：政府应制定一系列扶持政策，如财政补贴、税收减免、贷款优惠等，降低智慧农业技术产业化的成本和风险，激发企业和农业从业者的积极性。

加强规划引导：根据农业发展的实际需求，制定智慧农业技术产业化应用的发展规划和实施方案，明确发展目标和重点任务，引导企业和农业从业者有序开展技术应用。

#### （三）加强示范推广与培训

建设示范基地：政府和企业应联合建设一批智慧农业技术产业化应用示范基地，展示智慧农业技术的优势和效果，为农民提供可借鉴的经验和模式。

加强培训指导：组织专家和技术人员深入农村，对农民进行智慧农业技术的培训和指导，提高他们的技术水平和应用能力。同时，可以通过网络课程、现场演示等方式，扩大培训覆盖面和影响力。

#### （四）推动产业融合与协同发展

促进一二三产业融合：推动智慧农业技术与农业生产、加工、销售等环节的深度融合，形成全产业链的智慧农业发展模式。通过产业融合，可以实现资源的高效配置和循环利用，提高农业的综合效益。

加强区域协同发展：根据区域资源禀赋和产业特色，推动智慧农业技术在不同区域之间的协同发展。通过区域合作，可以实现技术共享、市场共拓和利益共赢。

### （五）加强数据安全与隐私保护

建立健全数据安全体系：在推进智慧农业技术产业化的过程中，要注重数据安全与隐私保护。通过建立健全数据安全管理制度和制定技术防护措施，来确保农业数据的安全性和隐私性。

加强法律法规建设：完善相关法律法规体系，明确数据权属、使用权限和责任义务等问题，为智慧农业技术的产业化应用提供法律保障。

### （六）关注市场需求与消费者偏好

深入了解市场需求：密切关注市场需求的变化和消费者的偏好变化，及时调整技术研发方向和产业化策略。通过市场调研和数据分析等手段，了解消费者对智慧农业产品的需求和期望。

提升产品质量和服务水平：在推进智慧农业技术产业化的过程中，要注重提升产品质量和服务水平。通过优化产品设计、改进生产工艺和提高服务水平等措施，满足消费者的需求和期望。

综上所述，加快智慧农业技术产业化应用需要政府、企业和农业从业者等多方面的共同努力和配合。通过加强技术创新与研发、完善政策支持与引导、加强示范推广与培训、推动产业融合与协同发展、加强数据安全与隐私保护以及关注市场需求与消费者偏好等措施的实施，可以推动智慧农业技术的广泛应用和产业化发展，为农业现代化和乡村振兴注入新的动力。

# 参 考 文 献

鲍文霞，谢文杰，胡根生，等，2023. 基于 TPH - YOLO 的无人机图像麦穗计数方法 [J].
　　农业工程学报，39（1）：155 - 161.

毕昆，姜盼，李磊，等，2010. 基于形态学图像处理的麦穗形态特征无损测量 [J]. 农业
　　工程学报，26（12）：212 - 216.

蔡舒平，孙仲鸣，刘慧，等，2021. 基于改进型 YOLOv4 的果园障碍物实时检测方法 [J].
　　农业工程学报，37（2）：36 - 43.

陈培，2018. 基于词向量的情感分类关键问题研究 [D]. 北京：北京交通大学.

陈晓栋，原向阳，郭平毅，等，2015. 农业物联网研究进展与前景展望 [J]. 中国农业科
　　技导报（2）：8 - 16.

陈宇，路阳，蔡娣，等，2021. 基于 SPSO＋SVM 的水稻叶部病害识别方法研究 [J]. 上
　　海农业学报，37（6）：136 - 142.

邓衍宏，汪虎，卢久灵，等，2024. 陈化粮混合发酵生产燃料乙醇的效果研究 [J]. 酿酒
　　科技（2）：35 - 39.

杜浦，乔冠日，王迪，等，2023. 新智慧农业应用的科技动力支撑发展研究 [J]. 山东农
　　业工程学院学报，40（4）：26 - 30.

范晓飞，王林柏，刘景艳，等，2022. 基于改进 YOLO v4 的玉米种子外观品质检测方法
　　[J]. 农业机械学报，53（7）：226 - 233.

冯文翰，张影全，赵博，等，2023. 关中小麦籽粒质量及其食品制作适宜性分析 [J]. 粮
　　食加工，48（5）：1 - 8.

龚园，2010. 人工智能的哲学思考 [J]. 湖北经济学院学报（人文社会科学版），7（3）：
　　16 - 17.

韩洁，于文静，高敬，等，2023. 为加快建设农业强国而努力奋斗——从中央农村工作会
　　议看新时代新征程"三农"工作战略部署 [J]. 中国农垦（1）：4 - 6.

胡根生，谢一帆，鲍文霞，等，2024. 基于轻量型网络的无人机遥感图像中茶叶枯病检测
　　方法 [J]. 农业机械学报，55（4）：165 - 175.

黄绍川，2007. 一种基于 BP 网络的信号动态检测方法 [J]. 微计算机信息，23（13）：136 -
　　137，71.

贾丹，2020. 基于 GRU 的序列化数据推荐算法研究 [D]. 太原：太原理工大学.

江洪，2020. 美国发展数字化农业的经验和启示 [J]. 农村经济与科技，31（8）：296 -

297.

姜宇杰，2019. 人工神经网络概述［J］. 中国高新区（2）：193，296.

蒋万胜，田姿，2023. 论深度学习技术对人类社会发展的影响［J］. 宝鸡文理学院学报
（社会科学版），43（1）：133－139.

金伦，钱莱，2020. 基于深度学习的青菜病害区域图像语义分割与定位［J］. 安徽农业科
学，48（18）：235－238.

晋雅茹，2017. 基于 GPU 的深度学习算法并行化研究［D］. 南京：东南大学.

兰仕浩，李映雪，吴芳，等，2022. 基于卫星光谱尺度反射率的冬小麦生物量估算［J］.
农业工程学报，38（24）：118－128.

李浩浩，2021. 基于深度学习的可回收垃圾视觉分拣系统［D］. 西安：西安理工大学.

李瑞，2021. 小目标害虫图像自动识别与计数研究［D］. 合肥：中国科学技术大学.

李向东，吕风荣，张德奇，等，2016. 小麦田间测产和实际产量转换系数实证研究［J］.
麦类作物学报，36（1）：69－76.

李袁，2021. 基于改进 YOLOv4 的目标检测方法研究与应用［D］. 重庆：重庆邮电大学.

李云霞，马浚诚，刘红杰，等，2021. 基于 RGB 图像与深度学习的冬小麦田间长势参数估
算系统［J］. 农业工程学报，37（24）：189－198.

李泽琛，李恒超，胡文帅，等，2021. 多尺度注意力学习的 Faster R－CNN 口罩人脸检测
模型［J］. 西南交通大学学报，56（5）：1002－1010.

李正，李宝喜，李志豪，等，2023. 基于深度学习的农作物病虫害识别研究进展［J］. 湖
北农业科学，62（11）：165－169.

理查德·温，虞时中，2018.《极简人工智能》［J］. 宁波通讯（13）：72.

梁琨，杜莹莹，卢伟，等，2016. 基于高光谱成像技术的小麦籽粒赤霉病识别［J］. 农业
机械学报，47（2）：309－315.

刘胜，马社祥，孟鑫，等，2021. 基于多尺度特征融合网络的交通标志检测［J］. 计算机
应用与软件，38（2）：158－164，249.

马丽，周巧黎，赵丽亚，等，2023. 基于深度学习的番茄叶片病害分类识别研究［J］. 中
国农机化学报，44（7）：187－193，206.

马文峰，2020. 2019 年中国小麦粉消费及行业状况年度分析［J］. 粮食加工，45（3）：
1－5.

毛彦栋，宫鹤，2020. 基于 SVM 和 DS 证据理论融合多特征的玉米病害识别研究［J］. 中
国农机化学报，41（4）：152－157.

苗荣慧，李志伟，武锦龙，2023. 基于改进 YOLO v7 的轻量化樱桃番茄成熟度检测方法
［J］. 农业机械学报，54（10）：225－233.

宁志豪，周璐雨，陈豪文，2019. 浅谈机器学习与深度学习的概要及应用［J］. 科技风
（15）：19.

农新，2023. 无人农场探索数字农业新图景［J］. 农村新技术（5）：4-7.

申华磊，苏歆琪，赵巧丽，等，2022. 基于深度学习的无人机遥感小麦倒伏面积提取方法
［J］. 农业机械学报，53（9）：252-260，341.

宋科，2015. 大数据能力：深度学习［C］. 中国通信学会信息通信网络技术委员会 2015 年
年会论文集：363-367.

苏杭，马晓蕾，2022. 日本智慧农业的发展及启示［J］. 日本问题研究，34（3）：29-36.

孙道宗，丁郑，刘锦源，等，2023. 基于改进 SqueezeNet 模型的多品种茶树叶片分类方法
［J］. 农业机械学报，54（2）：223-230，248.

孙加恒，2021. 基于深度学习的视频流人脸快速检测技术研究［D］. 哈尔滨：哈尔滨工业
大学.

孙少杰，吴门新，庄立伟，等，2022. 基于 CNN 卷积神经网络和 BP 神经网络的冬小麦县
级产量预测［J］. 农业工程学报，38（11）：151-160.

谭斌，乔聪聪，2019. 中国全谷物食品产业的困境、机遇与发展思考［J］. 生物产业技术
（6）：64-74.

谭铁牛，2019. 人工智能的历史、现状和未来［J］. 中国科技奖励（3）：6-10.

王卜，何扬，2022. 基于改进 YOLOv3 的交通标志检测［J］. 四川大学学报（自然科学
版），59（1）：57-67.

王辉，周忠锦，王世晋，等，2019. 基于 MLP 深度学习算法的 DGA 准确识别技术研究
［J］. 信息安全研究，5（6）：495-499.

王会征，孙良晨，李新龙，等，2024. 基于改进 YOLOv7-tiny 的番茄叶片病虫害检测方法
［J/OL］. 农业工程学报：1-9［2024-05-29］. http：//kns.cnki.net/kcms/detail/
11.2047.s.20240522.1623.018.html.

王佳斌，2018. 哲学视角下人工智能对人类意识的影响［J］. 绿色科技（16）：314-316.

王晶晶，2018. 深度学习的发展及应用［J］. 数字化用户，24（9）：255.

王静，孙紫云，郭苹，等，2022. 改进 YOLOv5 的白细胞检测算法［J］. 计算机工程与应
用，58（4）：134-142.

王欣然，田启川，张东，2022. 人脸口罩佩戴检测研究综述［J］. 计算机工程与应用，58
（10）：13-26.

王洋，谢菲，杜礼泉，等，2024. 酿酒专用小麦大曲中挥发性风味成分与微生物群落相关
性分析［J］. 中国酿造，43（2）：71-81.

王宇歌，张涌，黄林雄，等，2021. 基于卷积神经网络的麦穗目标检测算法研究［J］. 软
件工程，24（8）：6-10.

王子牛，吴建华，高建瓴，等，2018. 基于深度神经网络和 LSTM 的文本情感分析［J］.
软件，39（12）：19-22.

项新建，周跃琪，姚佳娜，等，2021. 野外农用视频监控运动目标检测算法研究及系统开

发 [J]. 中国农机化学报，42 (5)：166-174.

徐建鹏，王杰，徐祥，等，2021. 基于 RAdam 卷积神经网络的水稻生育期图像识别 [J]. 农业工程学报，37 (8)：143-150.

严春满，王铖，2021. 卷积神经网络模型发展及应用 [J]. 计算机科学与探索，15 (1)：27-46.

杨森森，张昊，兴陆，等，2023. 改进 MobileViT 网络识别轻量化田间杂草 [J]. 农业工程学报，39 (9)：152-160.

杨蜀秦，林丰山，徐鹏辉，等，2023. 基于无人机遥感影像的多生育期冬小麦种植行检测方法 [J]. 农业机械学报，54 (2)：181-188.

杨欣，袁自然，叶寅，等，2022. 基于无人机高光谱遥感的冬小麦全氮含量反演 [J]. 光谱学与光谱分析，42 (10)：3269-3274.

尹逸卓，2017. 人工智能的发展与应用 [J]. 科技传播，9 (24)：109-110

印祥，李文华，李震，等，2023. 基于 MobileNetV3 和深度迁移学习的葡萄叶片病害识别 [J]. 农业工程技术，43 (17)：127.

于剑，2020. 图灵测试的明与暗 [J]. 计算机研究与发展，57 (5)：906-911.

于景辉，赵德琦，王少，2019. 基于主成分分析-BP 神经网络的热精轧带钢跑偏预测研究 [J]. 山东冶金，41 (4)：44-47.

余宵雨，宋焕生，梁浩翔，等，2021. 基于稀疏帧检测的交通目标跟踪 [J]. 计算机系统应用，30 (11)：273-280.

袁培森，曹益飞，马千里，等，2021. 基于 Random Forest 的水稻细菌性条斑病识别方法研究 [J]. 农业机械学报，52 (1)：139-45+208.

岳凯，张鹏超，王磊，等，2024. 基于改进 YOLOv8n 的复杂环境下柑橘识别 [J]. 农业工程学报，40 (8)：152-158.

占旭宽，2018. 基于时间卷积和长短时记忆网络的时间序列预测方法研究 [D]. 武汉：华中科技大学.

张兵，2018. 遥感大数据时代与智能信息提取 [J]. 武汉大学学报（信息科学版），43 (12)：1861-1871.

张亮亮，马斋爱拜，2011. 人工神经网络的方法及应用初探 [J]. 电子世界 (10)：46，52.

张泽晗，2021. 基于局部遮挡人脸识别的移动端人员管控系统设计与实现 [D]. 北京：北京邮电大学.

赵天祺，2020. 深度学习发展现状 [J]. 大科技 (24)：295-296.

中国人民共和国国家统计局，2022. 中国统计年鉴 2022 [M]. 北京：中国统计出版社.

中国信息通信研究院，中国人工智能产业发展联盟，2021. 深度学习技术下的人工智能时代 [J]. 大数据时代 (6)：56-76.

周琦，王建军，霍中洋，等，2023. 不同生育期小麦冠层 SPAD 值无人机多光谱遥感估算

［J］．光谱学与光谱分析，43（6）：1912－1920．

朱保芹，高艳丽，张晖，等，2021．智慧农业背景下衡水市农产品高质量发展路径研究［J］．南方农机，52（22）：94－96．

Andrew H，Mark S，Chu Grace，et al.，2019. Searching for MobileNetV3 ［J/OL］. arXiv preprint arXiv：1905.02244.

Andrew H，Zhu M L，Chen B，et al.，2017. MobileNets：efficient convolutional neural networks for mobile vision applications ［J］. arXiv preprint arXiv：1704.04861，2017，4.

Baohua Y，Zhiwei G，Yuan G，et al.，2021. Rapid Detection and Counting of Wheat Ears in the Field Using YOLOv4 with Attention Module ［J］. Agronomy，11（6）：1202.

Berg A C，Fu C Y，Szegedy C，et al.，2015. SSD：Single Shot MultiBox Detector ［C］. In：Proceedings of the European Conference on Computer Vision （ECCV）：21－37.

Chen J R，Kao S H，He H，et al.，2023. Run，don't walk：chasing higher FLOPS for faster neural networks ［J］. arXiv preprint arXiv：2303.03667，2023，3.

Chen J，Kao S H，He H，et al.，2023. Run，Don't Walk：Chasing Higher FLOPS for Faster Neural Networks ［C］. Proceedings of the 2023 IEEE/CVF Conference on Computer Vision and Pattern Recognition （CVPR）：F.

Chen X N，Chen L，Da H，et al.，2023. Symbolic discovery of optimization algorithms ［J］. arXivpreprint arXiv：2302.06675，2023，2.

Chew R，Rineer J，Beach R，O'Neil M，Ujeneza N，Lapidus D，Miano T，Hegarty－Craver M，Polly J，Temple DS，2020. Deep Neural Networks and Transfer Learning for Food Crop Identification in UAV Images ［J］. Drones，4（1）：7.

Dalal N，Triggs B，2005. Histograms of oriented gradients for human detection ［C］. 2005 IEEE computer society conference on computer vision and pattern recognition （CVPR'05）. Ieee，1：886－893.

Deng J，Dong W，Socher R，et al.，2009. ImageNet：a large－scale hierarchical image database ［C］. IEEE Conference on Computer Vision and Pattern Recognition. IEEE Computer Society：248－255.

E H G，Simon O，Yee－whye T，2006. A fast learning algorithm for deep belief nets ［J］. Neural computation，18（7）：1527－1554.

Fan Xiaofei，Wang Linbai，Liu Jingyan，et al.，2022. Corn seed appearance quality estimation based on improved YOLO v4 ［J］. Transactions of the Chinese Society for Agricultural Machinery，53（7）：226－233.

Fang X，Zhen T，Li Z，2023. Lightweight Multiscale CNN Model for Wheat Disease Detection ［J］. Applied Sciences，13（9）：5801.

Felzenszwalb P，McAllester D，Ramanan D，2008. A discriminatively trained，multiscale， deformable part model [C]. 2008 IEEE conference on computer vision and pattern recognition. Ieee: 1 - 8.

Girshick R, 2015. Fast R - CNN [C]. Proceedings of the IEEE international conference on computer vision: 1440 - 1448.

Girshick R, Donahue J, Darrell T, et al., 2015. Region - based convolutional networks for accurate object detection and segmentation [J]. IEEE transactions on pattern analysis and machine intelligence, 38 (1): 142 - 158.

Gopal P S M, Bhargavi R, 2019. A novel approach for efficient crop yield prediction [J]. Computers and Electronics in Agriculture, 165: 104968.

Han K, Wang Y, Tian Q, et al., 2020. GhostNet: More features from cheap operations [C]. Proceedings of the IEEE Computer Society Conference on Computer Vision and Pattern Recognition: 1577 - 1586.

He K, Gkioxari G, Dollár P, et al., 2017. Mask r - cnn [C]. Proceedings of the IEEE international conference on computer vision: 2961 - 2969.

He K, Zhang X, Ren S, et al., 2015. Spatial pyramid pooling in deep convolutional networks for visual recognition [J]. IEEE transactions on pattern analysis and machine intelligence, 37 (9): 1904 - 1916.

He K, Zhang X, Ren S, et al., 2016. Deep residual learning for image recognition [C]. Proceedings of the IEEE Conference on Computer Vision and Pattern Recognition: 770 - 778.

Ilya L, Frank H, 2017. Decoupled weight decay regularization [J]. arXiv preprint arXiv: 1711.05101, 2017, 11.

Jia L, Wang T, Chen Y, et al., 2023. MobileNet - CA - YOLO: An Improved YOLOv7 Based on the MobileNetV3 and Attention Mechanism for Rice Pests and Diseases Detection [J]. Agriculture, 13 (7): 1285.

Jiacheng R, Hui Z, Fan Z, et al., 2023. Tomato cluster detection and counting using improved YOLOv5 based on RGB - D fusion [J]. Computers and Electronics in Agriculture, 207: 1 - 12.

Jiang Y, Tan Z, Wang J, et al., 2022. GiraffeDet: A Heavy - Neck Paradigm for Object Detection [R].

Khaki S, Pham H, Han Y, et al., 2020. Convolutional Neural Networks for Image - Based Corn Kernel Detection and Counting [J]. Sensors, 20 (9): 2721.

Khaki S, Wang L, Archontoulis S V, 2020. A CNN - RNN framework for crop yield prediction [J]. Frontiers in Plant Science, 10: 1750.

Kingma D, Ba J, 2014. Adam: a method for stochastic optimization [J]. arXiv preprint arXiv：1412. 6980，2014，12.

Laith A，Jinglan Z，J. H A，et al. ，2021. Review of deep learning：concepts，CNN archi-tectures，challenges，applications，future directions ［J］. Journal of Big Data，8 (1)：53.

Lan S H，Li Y X，Wu F，et al. ，2022. Winter wheat biomass estimation based on satellite spectral – scale reflectance ［J］. Transactions of the CSAE，38 (24)：118 –128.

LeCun Y，Bengio Y，Hinton G，2015. Deep learning ［J］. nature，521 (7553)：436 – 444.

Li C，Zhou A，Yao A，2022. Omni – Dimensional Dynamic Convolution ［J］. ArXiv：abs/2209. 07947.

Li Y X，Ma J C，Liu H J，et al. ，2021. Field growth parameter estimation system of winter wheat using RGB digital images and deep learning ［J］. Transactions of the CSAE，37 (24)：189 – 198.

Lin T – Y，Dollár P，Girshick R B，et al. ，2016. Feature Pyramid Networks for Object Detection ［J］. CoRR：abs/1612. 03144.

Lippi M，Bonucci N，Carpio R F，Contarini M，Speranza S，Gasparri A，2021. A YOLO – Based Pest Detection System for Precision Agriculture ［C］. Proceedings of the 2021 29th Mediterranean Conference on Control and Automation ( MED). PUGLIA，Italy：342 – 347.

Liu L Y，Jiang H M，He P C，et al. ，2019. On the variance of the adaptive learning rate and beyond ［J］. arXiv preprint arXiv：1908. 03265，2019，8.

Liu W，Anguelov D，Erhan D，et al. ，2016. Ssd：Single shot multibox detector ［C］// European conference on computer vision. Springer，Cham：21 – 37.

Ma N，Zhang X，Zhen H T，et al. ，2018. Shufflenet v2：practical guidelines for efficient cnn architecture design ［C］. Munich：Proceedings of the European Conference on Com-puter Vision：116 – 131.

Madec S，Jin X，Lu H，et al. ，2019. Ear density estimation from high resolution RGB imagery using deep learning technique ［J］. Agricultural and Forest Meteorology，264：225 – 234.

Mark S，Andrew H，Zhu M L，et al. ，2018. MobileNetV2：inverted residuals and linear bottlenecks ［J］. arXiv preprint arXiv：1801. 04381，2018，1.

Miao R H，Li Z W，Wu J L，2023. Lightweight maturity detection of cherry tomato based on improved YOLO v7 ［J］. Transactions of the Chinese Society for Agricultural Machin-ery，54 (10)：225 – 233.

Mputu H S，Abdel – Mawgood A，Shimada A，et al. ，2024. Tomato quality classification based on transfer learning feature extraction and machine learning algorithm classifiers

［R］. IEEE Access.

Peichao C，Hao F，Kunfeng L，et al.，2023. MYOLO：A Lightweight Fresh Shiitake Mushroom Detection Model Based on YOLOv3［J］. Agriculture，13（2）：392.

Redmon J，Divvala S K，Girshick R B，et al.，2016. You Only Look Once：Unified，Real - Time Object Detection［C］. Proceedings of the IEEE conference on computer vision and pattern recognition：779 - 788.

Redmon J，Divvala S，Girshick R，et al.，2015. You Only Look Once：Unified，Real - Time Object Detection［J］. CoRR，abs/1506.02640.

Redmon J，Farhadi A，2017. YOLO9000：better，faster，stronger［C］. Proceedings of the IEEE conference on computer vision and pattern recognition：7263 - 7271.

Redmon J，Farhadi A，2018. Yolov3：An incremental improvement［J］. arXiv preprint arXiv：1804.02767.

Ren S，He K，Girshick R，et al.，2015. Faster R - CNN：Towards real - time object detection with region proposal networks［J］. Advances in Neural Information Processing Systems，28：91 - 99.

Ross G，Jeff D，Trevor D，et al.，2016. Region - Based Convolutional Networks for Accurate Object Detection and Segmentation［J］. IEEE Transactions on Pattern Analysis and Machine Intelligence，38（1）：142 - 158.

Roy A M，Bose R，Bhaduri J. 2022. A fast accurate fine - grain object detection model based on YOLOv4 deep neural network［J］. Neural Computing and Applications，34：3895 - 3921.

Sachin M，Mohammad R，2021. MobileViT：light - weight，general - purpose，and mobile - friendly vision transformer［J］. arXiv preprint arXiv：2110.02178，2021，5.

Shaoqing R，Kaiming H，Ross G，et al.，2017. Faster R - CNN：Towards Real - Time Object Detection with Region Proposal Networks［J］. IEEE transactions on pattern analysis and machine intelligence，39（6）：1137 - 1149.

Shen H L，Su X Q，Zhao Q L，et al.，2022. Extraction of lodging area of wheat barieties by unmanned aerial vehicle remote sensing based on deep learning［J］. Transactions of the Chinese Society for Agricultural Machinery，53（9）：252 - 260，341.

Song D Z，Ding Z，Liu J Y，et al.，2023. Classification method of multi - variety tea leaves based on improved SqueezeNet model［J］. Transactions of the Chinese Society for Agricultural Machinery，54（2）：223 - 230，248.

Sun S J，Wu M X，Zhuang L W，et al.，2022. Forecasting winter wheat yield at county level using CNN and BP neural networks［J］. Transactions of the CSAE，38（11）：151 - 160.

Tahani A，Beatriz D L L，2022. Counting spikelets from infield wheat crop images using fully convolutional networks [J]. Neural Computing and Applications，34（20）：17539 – 17560.

Tan M，Le Q，2019. Efficientnet：rethinking model scaling for convolutional neural networks [C] // California：International Conference on Machine Learning：6105 – 6114.

Tan M，Pang R，Le Q V，2020. EfficientDet：Scalable and Efficient Object Detection [C]. Proceedings of the IEEE/CVF Conference on Computer Vision and Pattern Recognition (CVPR). Seattle，WA，USA：IEEE：10781 – 10790.

Too E C，Yujian L，Njuki S，et al.，2019. A comparative study of fine – tuning deep learning models for plant disease identification [J]. Computers and Electronics in Agriculture，161：272 – 279.

Uijlings J R R，Van De Sande K E A，Gevers T，et al.，2013. Selective search for object recognition [J]. International journal of computer vision，104（2）：154 – 171.

Viola P，Jones M J，2004. Robust real – time face detection [J]. International journal of computer vision，57（2）：137 – 154.

Viola P，Jones M，2001. Rapid object detection using a boosted cascade of simple features [C]. Proceedings of the 2001 IEEE computer society conference on computer vision and pattern recognition. CVPR 2001. Ieee，1：I – I.

Wang B，Yan Y，Lan Y，et al.，2023. Accurate Detection and Precision Spraying of Corn and Weeds Using the Improved YOLOv5 Model [J]. IEEE Access，11：29868 –29882.

Wenhao S，Jiajing Z，Ce Y，et al.，2020. Automatic Evaluation of Wheat Resistance to Fusarium Head Blight Using Dual Mask – RCNN Deep Learning Frameworks in Computer Vision [J]. Remote Sensing，13（1）：26.

Wu J，Yang G，Yang X，et al.，2019. Automatic counting of in situ rice seedlings from UAV images based on a deep fully convolutional neural network [J]. Remote Sensing，11（6）：691.

Xu J P，Wang J，Xu X，et al.，2021. Image recognition for different developmental stages of rice by RAdam deep convolutional neural networks [J]. Transactions of the CSAE，37（8）：143 – 150.

Xufei W，Jeongyoung S，2021. ICIoU：Improved Loss Based on Complete Intersection Over Union for Bounding Box Regression [J]. IEEE ACCESS，9：105686 – 105695.

Yang H，Liu Y，Wang S，et al.，2023. Improved Apple Fruit Target Recognition Method Based on YOLOv7 Model [J]. Agriculture，13（7）：1307 – 1278.

Yang S S，Zhang H，Xing L，et al.，2023. Light weight recognition of weeds in the field based on improved MobileViT network [J]. Transactions of the CSAE，39（9）：152 – 160.

Yang S Q，Lin F S，Xu P H，et al.，2023. Planting pow detection of multi – growth winter wheat field based on UAV remote sensing image [J]. Transactions of the Chinese Society for Agricultural Machinery, 54 (2): 181 - 188.

Yang X, Yuan Z R, Ye Y, et al., 2023. Winter wheat total nitrogen content estimation based on UAV hyperspectral remote sensing [J]. Spectroscopy and Spectral Analysis, 43 (6): 1912 - 1920.

Yiding W, Yuxin Q, Jiali C, 2021. Occlusion Robust Wheat Ear Counting Algorithm Based on Deep Learning [J]. Frontiers in plant science, 12: 645899.

Yi - Fan Z, Weiqiang R, Zhang Z, et al., 2022. Focal and efficient IOU loss for accurate bounding box regression [J]. Neurocomputing, 506: 146 - 157.

Yu L, Shi J, Huang C, et al., 2020. An integrated rice panicle phenotyping method based on X - ray and RGB scanning and deep learning [J]. The Crop Journal, 8 (3): 461 - 469.

Zhiwen M, Xudong Z, Jinya S, et al., 2020. Wheat Stripe Rust Grading by Deep Learning With Attention Mechanism and Images From Mobile Devices [J]. Frontiers in plant science, 11: 558126.

Zhou Q, Wang J J, Huo Z Y, et al., 2023. UAV multi - spectral remote sensing estimation of wheat canopy SPAD value in different growth periods [J]. Spectroscopy and Spectral Analysis, 43 (6): 1912 - 1920.

**图书在版编目（CIP）数据**

深度学习研究与智慧农业应用 / 时雷等编著.
北京：中国农业出版社，2025. 2. -- ISBN 978-7-109
-33123-5

Ⅰ. S126

中国国家版本馆 CIP 数据核字第 202592M4R1 号

深度学习研究与智慧农业应用

SHENDU XUEXI YANJIU YU ZHIHUI NONGYE YINGYONG

中国农业出版社出版

地址：北京市朝阳区麦子店街 18 号楼

邮编：100125

责任编辑：何　玮　　　文字编辑：李　雯

版式设计：小荷博睿　　责任校对：吴丽婷

印刷：中农印务有限公司

版次：2025 年 2 月第 1 版

印次：2025 年 2 月北京第 1 次印刷

发行：新华书店北京发行所

开本：700mm×1000mm　1/16

印张：11.75　　插页：10

字数：227 千字

定价：68.00 元

**版权所有·侵权必究**

凡购买本社图书，如有印装质量问题，我社负责调换。

服务电话：010 - 59195115　010 - 59194918

（a）
越冬期

（b）
返青期

（c）
拔节期

（d）
抽穗期

图 2-1　小麦生育期部分原始图像

图 2-2　图像分割方法

图 3-4　数据集的部分样本

图 3-5　标注界面

图 3-10　Mosaic 数据
增强后的麦穗
图片

（a1）　　　　　（a2）　　　　　（a3）

（b1）　　　　　（b2）　　　　　（b3）

（c1）　　　　　（c2）　　　　　（c3）

图 3-27　识别结果

注：（a1）（b1）（c1）为 SSD 目标检测
网络模型的识别结果；（a2）（b2）（c2）为
Faster R-CNN 目标检测网络模型的识别结果；
（a3）（b3）（c3）为 YOLOv5 目标检测网络
模型的识别结果。

（a）
背景叶片误检

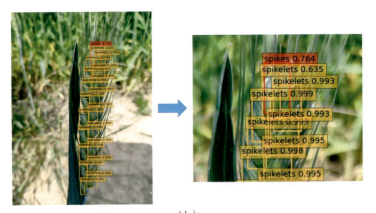

（b）
穗尖粘连误检

（c）
背景误检、底部小穗漏检

图 3-28　SSD 目标检测网络模型存在的一些问题

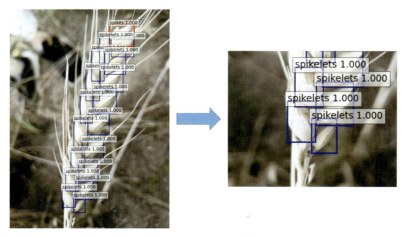

图 3-29　漏检示例

图 3-30　YOLOv5 目标检测网络模型测试结果中的一个异常样本

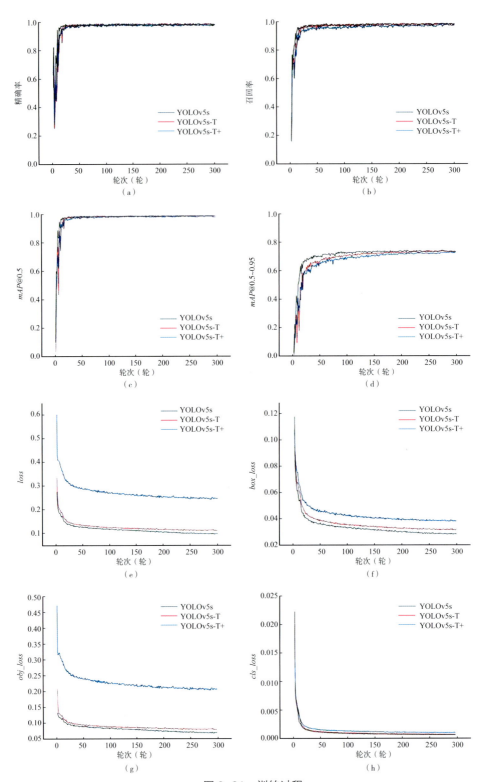

图 3-31　训练过程

图 3-33　模型识别结果的对比情况

注：（a）为 YOLOv5s 模型、（b）为 YOLOv5s-T 模型和（c）为 YOLOv5s-T+ 模型

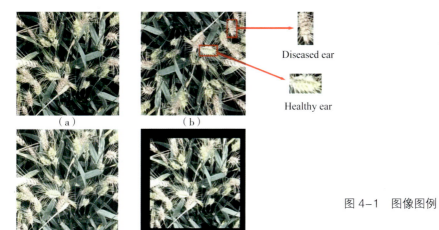

Diseased ear

Healthy ear

图 4-1　图像图例

图 4-2　标注结果

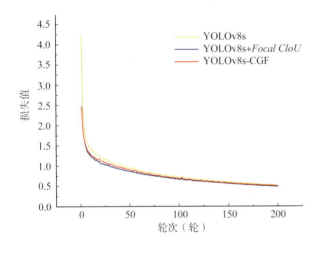

图 4-9　训练过程损失
变化曲线

图 4-10　各模型 $mAP@0.5$
变化曲线

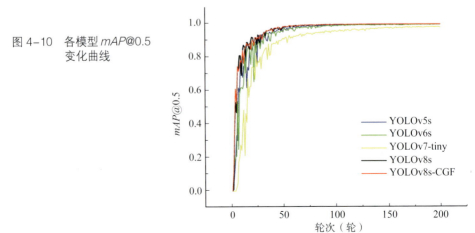

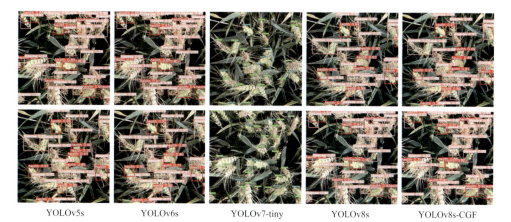

| YOLOv5s | YOLOv6s | YOLOv7-tiny | YOLOv8s | YOLOv8s-CGF |

图 4-11　不同模型在小麦麦穗赤霉病上的识别结果

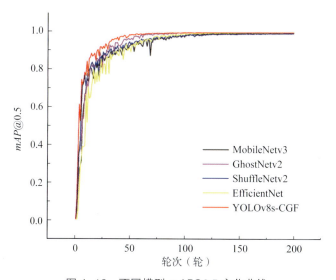

图 4-12　不同模型 $mAP@0.5$ 变化曲线

图 5-1　部分公共数据集的图像数据

图 5-2　部分大田数据集的图像数据

图 5-3　经过数据增强后（图像裁剪、分割和旋转处理）部分图像

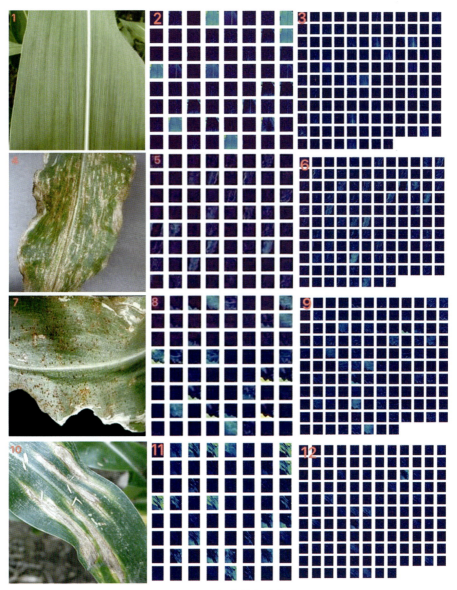

图 5-7　部分特征图像

图 5-15　数据集②的图像

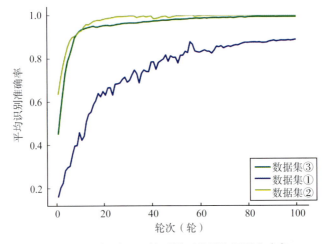

图 5-16　经过 100 轮后模型的平均识别准确率

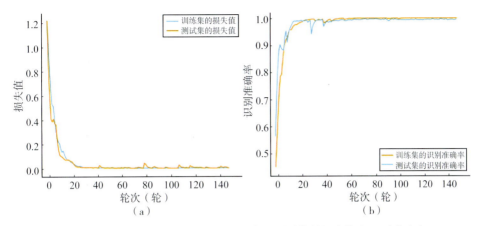

图 5-17 模型在轮次 150 轮后的训练集、测试集的损失值和识别准确率

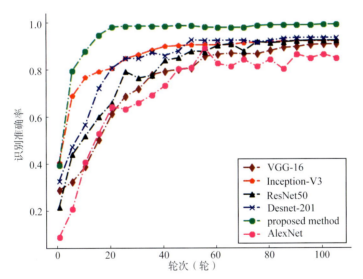

图 5-18 各模型的识别准确率随轮次变化规律

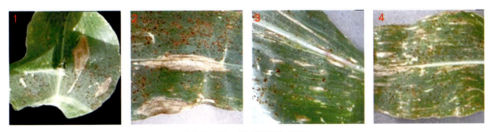

图 5-20 改进后的模型

| Class | certainty |
|-------|-----------|
| 健康 | 0 |
| 灰斑 | 36.4% |
| 锈病 | 46.79% |
| 叶枯病 | 16.81% |

（a）
玉米灰斑病错分为锈病

| Class | certainty |
|-------|-----------|
| 健康 | 0 |
| 灰斑 | 0.01% |
| 锈病 | 51.28% |
| 叶枯病 | 48.71% |

（b）
玉米叶枯病错分为锈病

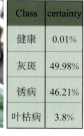

| Class | certainty |
|-------|-----------|
| 健康 | 0.01% |
| 灰斑 | 49.98% |
| 锈病 | 46.21% |
| 叶枯病 | 3.8% |

（c）
玉米锈病错分为灰斑病

| Class | certainty |
|-------|-----------|
| 健康 | 0 |
| 灰斑 | 31.12% |
| 锈病 | 31.63% |
| 叶枯病 | 37.25% |

（d）
玉米锈病错分为叶枯病

图 5-21　公共数据集的部分图像数据

图 6-2　三类数据集的病害图像

（a）
原图

（b）
旋转90°

（c）
旋转180°

（d）
旋转270°

图6-3 旋转变换后的结果

（a）
原图

（b）
亮度增强

（c）
亮度减弱

（d）
对比度增强

（e）
对比度减弱

（f）
饱和度增强

（g）
饱和度减弱

图6-4 颜色抖动增强效果

（a）
原图

（b）
高斯噪声

图6-5 经过高斯噪声变换后的效果

（a）
原图像

（b）
旋转90°

（c）
高度增强

（d）
对比度增强

（e）
饱和度增强

（f）
高斯噪声

图6-6　数据增强前后的效果

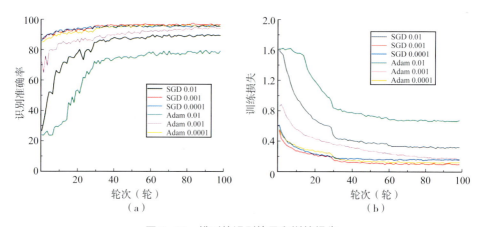

（a）

（b）

图6-12　模型的识别效果和训练损失

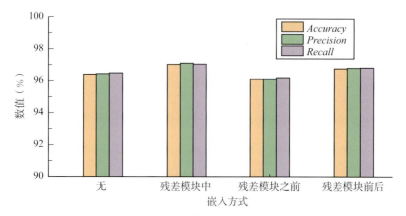

图6-14　不同嵌入方式的识别精度

| 灰斑病 | 雪花锈病 | 黑星病 | 白粉病 | 健康 |

图 6-15  特征图可视化结果

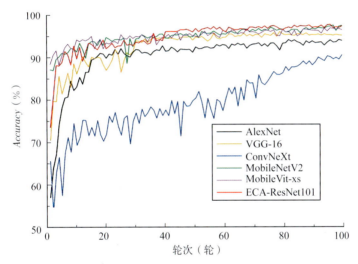

图 6-16  模型在训练过程的准确率变化

图 6-18  标注示意图

（a）
原图像       （b）
水平翻转       （c）
旋转变换

（d）
色度增强       （e）
饱和度增强       （f）
Mosaic增强

图 6-19　数据增强图像实例

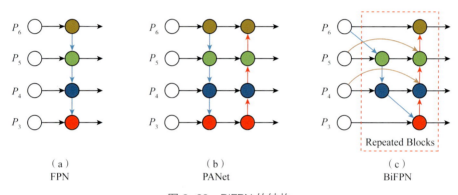

（a）
FPN       （b）
PANet       （c）
BiFPN

图 6-20　BiFPN 的结构

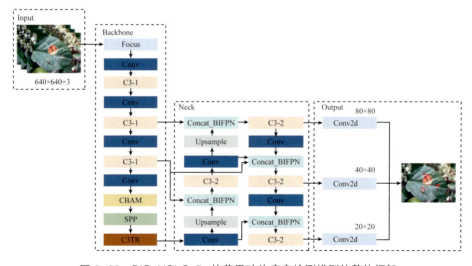

图 6-23　BIC-YOLOv5s 的苹果叶片病害检测模型的整体框架

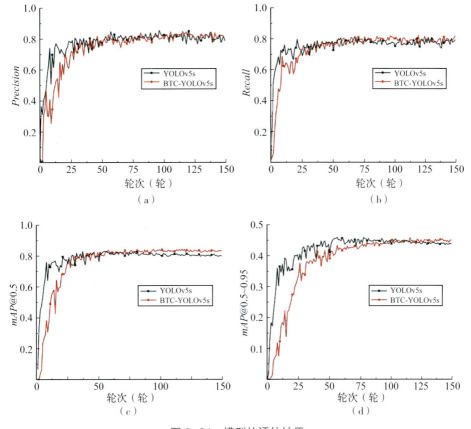

图 6-24　模型的评估结果

（a）
稀疏分布

（b）
密集分布

图 6-25　检测结果

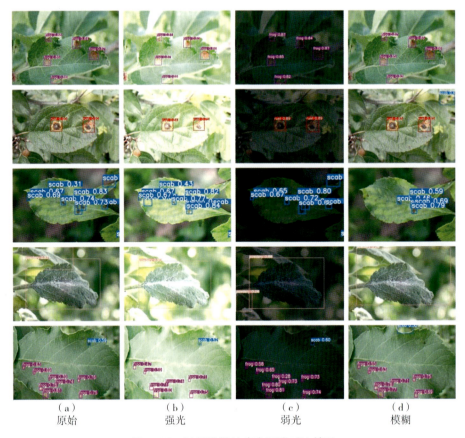

|（a）|（b）|（c）|（d）|
|原始|强光|弱光|模糊|

图 6-27　随机选择的病害图像对比情况

（a）　　　　　　　　（b）　　　　　　　　（c）　　　　　　　　（d）

黑星病　　　　　　　灰斑病　　　　　　　雪花锈病　　　　　　白粉病

识别结果：黑星病
防治措施：使用25%腈菌·咪鲜胺乳油1 000~1 500倍液，或20%硅唑·咪鲜胺水乳剂1 000~1 500倍液，需要连续用药2~3次

识别结果：灰斑病
防治措施：25%戊唑醇可湿性粉剂2 000~2 500倍液，或70%甲基硫菌灵可湿性粉剂800~1 000倍液

识别结果：黑星病
防治措施：使用15%粉锈宁可湿粉剂1 000倍液，或者是50%甲基硫菌灵可湿粉600~800倍液，每隔10~15天喷施一次连续喷施2~3次

识别结果：白粉病
防治措施：在冬季休眠期休剪；少栽感病品种；增施磷、钾肥增加抗性；可用钾基托布津、百菌清、石硫合剂等进行防治

图 6-30　四种病害图像的检测效果